Austauschbare Einzelteile im Maschinenbau

Die technischen Grundlagen für ihre Herstellung

Von

Otto Neumann

Oberingenieur des Verbandes
Ostdeutscher Maschinenfabrikanten

Mit 78 Textabbildungen

Berlin
Verlag von Julius Springer
1919

ISBN-13: 978-3-642-90201-7 e-ISBN-13: 978-3-642-92058-5
DOI: 10.1007/978-3-642-92058-5

Alle Rechte, insbesondere das der Übersetzung in fremde Sprachen,
vorbehalten.
Copyright 1919 by Julius Springer in Berlin.
Softcover reprint of the hardcover 1st edition 1919

Vorwort.

Auch dieses Lehrbuch entstand unter den Kriegsverhältnissen und ist bestimmt, den hierdurch hervorgerufenen wirtschaftlicheren Fabrikationsmethoden zur Herstellung austauschbarer Einzelteile im Maschinenbau eine einheitlich-technische Grundlage zu geben.

Das hier Gebotene ist nicht neu, wohl aber viel zu wenig in den Kreisen bekannt, welche sich mit der Herstellung austauschbarer Einzelteile in Zukunft werden beschäftigen müssen. Nicht allein der Großbetrieb soll die Erzeugungsstelle sein, welche Industriefabrikate mit dem geringsten Aufwand an Material, Löhnen und Unkosten herstellt; auch der mittlere und Kleinbetrieb muß in derselben Weise arbeiten, um seine ebenso wichtige Aufgabe zu erfüllen. Die kleineren und mittleren Betriebe arbeiteten aber bisher wenig nach den Grundsätzen wirtschaftlichster Fertigung, denn diese Grundsätze haben sich erst unter den Kriegsverhältnissen zu einer allgemein brauchbaren Form durchgebildet.

Wenn auch in den Kreisen der Großindustrie die technischen Grundlagen zur Herstellung austauschbarer Einzelteile im allgemeinen wohl schon vor dem Kriege bekannt waren, so wurde deren strenge Durchführung doch nicht in dem Maße gehandhabt, wie dies jetzt unter dem Drucke der Verhältnisse geschieht und wie dies später besonders in der Übergangswirtschaft noch weit mehr geschehen muß. Im Kleinbetriebe herrschte aber bisher in der Regel die denkbar größte Unkenntnis in den Grundlagen für die wirtschaftlichste Herstellung austauschbarer Einzelteile.

Die Gründe hierfür sind naheliegend, — es fehlten die Grundbedingungen für wirtschaftlichste Arbeitsweise, nämlich die Reihen- oder Massenherstellung der Einzelteile.

In dieser Richtung sind besonders in den Vereinigten Staaten von Nordamerika schon viel früher diejenigen Wege eingeschlagen worden, welche allein zum Ziele führen. Die Industrie hat sich dort schon seit Jahren spezialisiert und kann demnach die Einzelteile fast jedes Erzeugnisses mehr oder weniger in Massenfabrikation herstellen. Auch in der deutschen Industrie hat man jetzt unter dem Drucke der Kriegsverhältnisse immer mehr erkannt, welche großen Vorteile die Reihen- und Massenherstellung bieten. Die Staats-Werkstätten, die in dieser Richtung schon früher weiter vorgeschritten waren, gaben die Veranlassung, daß die Privatindustrie, welche in der Herstellung von Heeresbedarf jetzt so großen Anteil nimmt, sich auch in ihrer Arbeitsweise nach den Grundsätzen wirtschaftlichster Herstellung einstellen mußte.

Außerdem entstand im Normalienausschuß der deutschen Industrie eine Zentralstelle, welche die Bedeutung der wirtschaftlichsten Herstellung der Einzelteile besonders für die Übergangszeit nach dem Kriege in ihrer wahren Größe richtig erkannte und der deutschen Industrie aufklärend und anleitend zur Seite steht.

So entstanden die Bestrebungen, die Industrie in einzelnen Fachverbänden zu vereinigen, die dann ihre Erzeugnisse unter den einzelnen Mitgliedern derart verteilen, daß die Einzelanfertigung ausscheidet und an deren Stelle mehr Massen- oder Reihenherstellung tritt.

Gleichzeitig mit dieser Spezialisierung der Industrie entstand das Bedürfnis, den einzelnen Betrieben und deren technischem Personal die Grundlagen für die Herstellung austauschbarer Einzelteile mehr bekanntzugeben, so daß allgemein die wirtschaftlichste Arbeitsweise eingeführt werden kann. In den technischen Sonderkursen, welche der Berliner Bezirksverein deutscher Ingenieure in diesem Jahre veranstaltet hat, hatte auch ich Gelegenheit, die während meiner mehrjährigen Tätigkeit im Fabrikationsbureau der Gewehrfabrik in Spandau, und auch während meines längeren früheren Aufenthaltes in den Vereinigten Staaten von Nordamerika gesammelten Erfahrungen in der Herstellung austauschbarer Einzelteile bekannt zu geben.

Außerdem sind durch zahlreiche Abhandlungen von anderer Seite auf diesem Gebiete Arbeiten von großem literarischen Werte entstanden, welche für die Aufklärungsarbeit wesentliche Dienste leisten werden. Wenn ich jetzt in diesem Lehrbuche dasselbe Thema behandele, veranlaßt durch Anregungen von verschiedenen Seiten, so geschieht dies um das bisher bekannte, in der Literatur zerstreut liegende Material zu sammeln und hauptsächlich auch um den Lehrstoff, welcher in den Sonderkursen geboten wurde, allgemein bekannt zu geben.

Da die erste Grundlage für die Herstellung austauschbarer Einzelteile, nämlich das Tolerieren der Einzelteile, sich nicht an Hand von Regeln oder Lehrsätzen erlernen läßt, sondern nur durch Übung und richtige Behandlung der verschiedenen Einzelfälle zu lösen ist, so war ich auch in diesem Lehrbuche bestrebt, diese Einzelfälle durch besonders lehrreiche Beispiele aus der Praxis zu behandeln, wie sich dies auch in den Sonderkursen als sehr zweckmäßig erwiesen hat.

Ich habe dem Tolerieren der Einzelteile einen ziemlich breiten Raum gegeben, um der vielfach begegneten irrigen Ansicht entgegenzutreten, daß sich dies Tolerieren nur auf die Durchmesser von Welle und Bohrung zu erstrecken braucht. An Hand zahlreicher Beispiele ist erläutert, daß von austauschbaren Teilen nur dann die Rede sein kann, wenn außer den Durchmessern von Bohrung und Welle auch alle jene Maße toleriert werden, welche für die Austauschbarkeit in Betracht kommen. Welche Maße dies sind, läßt sich nicht allgemein sagen, deshalb sind zahlreiche Einzelfälle in Übungsbeispielen behandelt, damit auch der weniger geübte Leser eine gewisse Übung und einen schnelleren Überblick beim Tolerieren der Einzelteile erlangt.

Auch bei der Bestimmung der Lehren und Spannvorrichtungen bin ich vom gleichen Grundsatze ausgegangen, indem die Lehren und Lehrgeräte für die bereits früher in den Übungsbeispielen behandelten und tolerierten Einzelteile bestimmt wurden.

Hierdurch ist es möglich geworden, den Umfang dieses Lehrbuches in mäßigen Grenzen zu halten und doch das gesamte Gebiet der technischen Grundlagen für die Herstellung austauschbarer Einzelteile so zu behandeln, daß auch der mit kurzer Praxis und mehr theoretisch ausgebildete Leser nicht zu kurz kommt.

An theoretischen Vorkenntnissen erfordert dieses Lehrbuch nur geringen Umfang; die Grundlagen für die Herstellung austauschbarer Einzelteile beruhen in erster Linie auf großer Allgemeinpraxis und genauer Kenntnis der Bearbeitungsmethoden. Durch weitgehendste Ausnutzung dieser Bearbeitungsmethoden in richtiger Verbindung mit der durch das Tolerieren der Einzelteile geschaffenen Grundlage ergibt sich die wirtschaftlichste Herstellung und die Austauschbarkeit dieser Einzelteile.

Berlin-Weißensee, im Oktober 1918.

Otto Neumann.

Inhaltsverzeichnis.

Seite

I. Das Tolerieren der Einzelmaße für die Herstellung austauschbarer Einzelteile. 1
 1. Die technischen Vorarbeiten für die wirtschaftlichste Fertigung 1
 2. Die Fertigung tolerierter Einzelteile 15
 3. Das Tolerieren der Längenmaße 26
 4. Die wirtschaftlichste und zweckmäßigste Toleranz der Einzelmaße. 37
 5. Die scheinbaren Schwierigkeiten der technischen Vorarbeiten und der Werkstattfertigung 41
 6. Ermittlung der zweckmäßigsten Toleranzen an Übungsbeispielen 47
 7. Spannvorrichtungen, Bohrlehren und Hilfsapparate für wirtschaftlichste Fertigung. 73

II. Die Grenzlehren, ihre Bestimmung und Anwendung 87
 1. Allgemeines über Grenzlehren, deren Gebrauch und Abnutzung 87
 2. Allgemeine Grundsätze über die Bestimmung der Grenzlehren und deren Ausgangstemperatur. 104
 3. Bestimmung der Grenzlehren und Lehrgeräte tolerierter Einzelteile an Übungsbeispielen 108

III. Die wirtschaftlichste Ausnutzung der Werkzeugmaschinen bei Herstellung austauschbarer Einzelteile. 142

Literaturverzeichnis.

1. Forschungsarbeiten auf dem Gebiete des Ingenieurwesens, herausgegeben vom Verein deutscher Ingenieure. Heft 193/194. Berlin 1917.

2. O. Laschinsky, Die Selbstkostenberechnung im Fabrikbetriebe. Praktische Beispiele zur richtigen Erfassung der Generalunkosten bei der Selbstkostenberechnung in der Metallindustrie. Berlin 1917.

3. M. Siegerist, Die moderne Vorkalkulation in Maschinenfabriken. Handbuch zur Berechnung der Bearbeitungszeiten an Werkzeugmaschinen auf Grund der Laufzeitberechnung nach modernen Durchschnittswerten. Berlin 1915.

4. Technisches Hilfsbuch. Herausgegeben von Schuchardt & Schütte. 3. Auflage. Berlin 1916.

I. Das Tolerieren der Einzelmaße für die Herstellung austauschbarer Einzelteile.

1. Die technischen Vorarbeiten für die wirtschaftlichste Fertigung.

Die Vorteile, welche in der Herstellung austauschbarer Einzelteile bestehen, haben in erster Linie volkswirtschaftlichen Wert, weil diese Herstellung mit dem geringsten Aufwand an Material, Löhnen und Unkosten erfolgt. Diese Vorteile werden um so größer sein, wenn an Material und Arbeitskräften ein gewisser Mangel herrscht wie unter den gegenwärtigen Verhältnissen oder auch in der Übergangszeit nach dem Kriege, wo der hochwertige Facharbeiter in erster Linie für den Werkzeug- und Lehrenbau nötig sein wird. Aus diesem Grunde erhält die wirtschaftlichste Herstellung austauschbarer Einzelteile jetzt um so größere Bedeutung und zwar für den Großbetrieb wie auch für die zahlreichen kleineren und mittleren Werkstätten.

Wenn auch der Großbetrieb schon früher bei der Herstellung seiner Fabrikate eine gewisse Austauschbarkeit anstrebte, so wurde dieser Grundsatz wohl nur in der Nähmaschinen- und Fahrradindustrie, sowie bei der Herstellung von Gewehren und ähnlichen Fabrikaten der Fein-Industrie streng durchgeführt. Im allgemeinen Maschinenbau waren die Einzelteile wohl ebensowenig im Groß- wie im Kleinbetrieb austauschbar, sondern mußten immer mehr oder weniger erst zugepaßt werden.

Wir wissen, daß für das Einpassen einer Welle zu einer Bohrung immer ein geübter Dreher nötig war; besonders wenn die Welle mit einer bestimmten Passung als Preß-, Schiebe- oder Laufsitz passen sollte, so war ein mehrmaliges Probieren und Nachschlichten nötig. Aber auch dann war immer nur eine mehr oder weniger genaue Passung zu erzielen, welche vom Geschick des Drehers abhängig war. Das Einpassen anderer Einzelteile von einer bestimmten Länge machte nicht minder große Schwierigkeiten. Die Bearbeitungsflächen mußten nachgefeilt werden; wobei oft die auf der Werkzeugmaschine erreichte winklige und ebene Fläche schief und ballig wurde, so daß bei der Zusammenstellung dann Fehler entstanden, die man in unerlaubter Weise wieder gut zu machen suchte.

Ich möchte nur an das Einschaben der Lager erinnern, das vielfach weit über das zulässige Maß nötiger Paßarbeit hinausging; oder das Einpassen einer Spindel in die im Gußgehäuse befindlichen Lagerbüchsen. Das Einschaben und Einpassen der Lager wurde hier nicht etwa erforderlich, weil die Bohrung zu klein war, sondern hauptsächlich weil die Lagerungen nicht in einer Ebene lagen; aus diesem Grunde wurde in der Regel auch vorsichtigerweise die Bohrung bereits kleiner gehalten. Um rechtwinklige Teile einzupassen, wurde die Öffnung oder das betreffende Teil ebenfalls enger bezw. größer gehalten; man trieb das einzupassende Stück mit dem Hammer hinein und half dann an den tragenden Stellen mit der Feile nach bis die Teile ineinander paßten. Wenn hierbei die in dem Stück befindlichen Bohrungen u. dgl. einseitig wurden, so mußten diese wieder nachgefeilt werden und so entstanden aus einer Ungenauigkeit eine Reihe weiterer Fehler; Löcher, die genau übereinander sitzen sollten, mußten nachgerieben werden und wurden dann einseitig, die Gesamtlänge mehrerer zusammenhängender Teile stimmte nicht mehr mit den Zeichnungsmaßen überein. Die Folge solcher Ungenauigkeiten war, daß die Maschine sich immer erst einlaufen mußte und daß an eine Austauschbarkeit der Einzelteile nicht zu denken war. Bei Lieferung von Ersatzteilen war die erforderliche Paßarbeit noch schwieriger und man konnte hierfür nur besonders geschickte Monteure verwenden.

Alle diese Übelstände können, wenn auch nicht ganz vermieden, so doch auf ein sehr geringes Maß von Paßarbeit beschränkt werden. Man erreicht dies, indem man die Einzelteile so anfertigt, daß sie austauschbar sind.

Diese Art der Herstellung kann aber nicht nach der bisher üblichen Fabrikationsweise erreicht werden. Hat man eine Bohrung und die dazu gehörige Welle herzustellen, so gibt die Werkstattzeichnung hierfür ein bestimmtes Normalmaß an. Nach dieser

Die technischen Vorarbeiten für die wirtschaftlichste Fertigung. 3

Angabe kann aber der Dreher weder die Bohrung noch die Welle so herstellen, als dies erforderlich ist. Er muß mindestens noch wissen, ob die Welle mit Preß-, Schiebe- oder Laufsitz in die Bohrung passen soll. Aber auch diese Angabe genügt noch nicht, denn der Begriff: Preß-, Schiebe- oder Laufsitz kann verschieden ausgelegt werden. Soll für eine Bohrung die Welle mit Preßsitz angefertigt werden, so muß die Welle stärker als die Bohrung gehalten werden, denn sie soll mit der Presse stramm eingesetzt werden. Um wieviel 100stel die Welle stärker sein muß als die Bohrung, gibt die Zeichnung aber nicht an; ebenso kann Schiebe- oder Laufsitz sehr verschieden aufgefaßt werden; was der eine Dreher Schiebesitz nennt, ist bei dem anderen schon Laufsitz. Jedenfalls muß man bei austauschbaren Teilen in den Zeichnungen alles vermeiden, was zu solchen verschiedenen Auslegungen Veranlassung geben kann.

Wir können deshalb austauschbare Einzelteile nicht nach Zeichnungen herstellen, welche nur die Normalmaße enthalten; wir müssen hierzu Toleranzzeichnungen herstellen und die Einzelteile müssen toleriert werden.

Als erste Grundregel beim Tolerieren der Einzelteile gilt, daß zwei gleiche Normalmaße nie ineinander passen können. Wenn man eine Bohrung von z. B. 50 mm herstellt und genau schleift, so wird ein genau auf 50 mm geschliffenes Kaliber nicht ohne Gewalt einzuführen sein. Das liegt daran, daß es schon sehr schwierig ist, die beiden Maße absolut genau einzuhalten, und dann arbeiten die Werkzeugmaschinen auch nie so genau, daß solch kleine Unterschiede von 1000stel mm vermieden werden. Man kann schon durch besondere Meßapparate feststellen, daß die Welle immer um einige 1000stel mm schwächer oder stärker sein wird. Dies hat auch zum Teil seinen Grund darin, daß das Material nicht von gleicher Beschaffenheit ist; die Welle wird dort, wo das Material härter oder weicher ist, stets etwas unrund werden und daher erklärt es sich, daß Welle und Bohrung von absoluten Maßen nie ineinander passen. Für Teile von gleichen Längemaßen gilt natürlich dasselbe.

Nachdem durch die Konstruktion das Normalmaß des Einzelteiles festgelegt ist, muß man demselben daher eine Toleranz nach oben oder nach unten geben, je nach dem Zwecke und der Aufgabe, welche dem Einzelteil in der Gesamtanordnung

1*

zugedacht ist. Soll die Welle in die Bohrung mit Preßsitz passen, so gibt man der Bohrung ein kleineres Maß als der Welle. Bei Schiebe- oder Laufsitz erhält die Welle ein kleineres Maß als die Bohrung.

Aber auch bei dieser Abstufung der Maße ist die Herstellung austauschbarer Einzelteile noch nicht möglich, weil die Werkstatt dieses nach oben oder unten abgestufte Maß ebenfalls nicht genau einhalten kann. Wir müssen deshalb noch ein zweites Grenzmaß festlegen, so daß die Werkstatt dann innerhalb dieser beiden Grenz- oder Toleranzmaße das Teil herzustellen hat.

Wenn Bohrung und Welle vom Normalmaß z. B. 50 herzustellen sind unter der Bedingung, daß die Welle mit Schiebesitz in die Bohrung passen soll, so wird das Maß für die Bohrung toleriert zu $50 \pm 0{,}02$ und für die Welle $49{,}99 - 0{,}02$. Die Welle kann hiernach 49,97 bis 49,99 ausfallen und die Bohrung 49,98 bis 50,02. Innerhalb dieser Grenzen muß die Werkstatt arbeiten und dies ist leicht möglich, wenn man zum Nachmessen der austauschbaren Einzelteile besondere, später besprochene Meßeinrichtungen, die sogenannten Grenzlehren hat.

Man wird vielleicht einwenden, daß es doch große Schwierigkeiten haben wird, die vorhin genannte Welle z. B. auf 49,97 mm herzustellen. Darauf ist zu erwidern, daß dies Maß keinesfalls eingehalten werden soll, denn nach dem Toleranzmaß $49{,}99 - 0{,}02$ kann die Welle innerhalb aller Zwischenmaße von 49,97 bis 49,99 ausfallen. Man kann das absolute Maß von 50 ebensowenig wie die absoluten Maße 49,97 und 49,99 einhalten, aber ein Maß innerhalb der Grenzen 49,97 bis 49,99 kann man leicht einhalten, wenn man hierzu ein Meßgerät, die Grenzlehre, benutzt, welche auch ungelerntem Personal angibt, wann das herzustellende Stück innerhalb dieser Grenzen ausfällt. Die Werkzeugmaschine muß natürlich von einem Facharbeiter, dem Einrichter, so eingestellt werden, daß die herzustellenden Stücke innerhalb der Toleranz bleiben, die Lehre dient nur zum Nachprüfen.

Die vorhin tolerierten Maße von $50 \pm 0{,}02$ für die Bohrung und $49{,}99 - 0{,}02$ für die Welle lassen erkennen, daß die größtzulässige Welle von 49,99 in die kleinste Bohrung von 49,98 sich nicht mehr mit Schiebesitz einführen läßt. In diesen äußersten Grenzfällen ist die Austauschbarkeit dann nicht mehr zu erreichen und man muß eine schwächere Welle von mindestens 49,97 aus-

Die technischen Vorarbeiten für die wirtschaftlichste Fertigung. 5

suchen. Diese äußersten Grenzfälle werden aber sehr selten vorkommen; es ist nicht möglich, bei der immerhin feinen Passung von Schiebesitz auch in diesen Fällen die Austauschbarkeit zu garantieren, wenn man im entgegengesetzten Falle von 50,02 für die Bohrung und 49,97 für die Welle nicht ein unzulässiges Wackeln der Welle vermeiden will.

Man erkennt hieraus, welch sorgfältiges Überlegen das Tolerieren der Einzelmaße erfordert und wie es nach der bisher üblichen Weise, aus Werkstattzeichnungen mit Normalmaßen unmöglich war, eine Passung mit Schiebesitz oder dgl. austauschbar herzustellen. Aber auch bei sorgfältiger Überlegung und langjähriger Erfahrung wird man die richtige Abstufung der Durchmesser für die verschiedenen Passungen niemals richtig treffen. Wir haben deshalb in der von Professor Schlesinger[1] bekanntgegebenen Tabelle einen sicheren Anhalt, wie man die Grenzmaße der Einzelteile für die verschiedenen Passungen festlegt. (Tabelle 1.)

Die Angaben der Tabelle beruhen auf Grund einer mehr als zehnjährigen Beobachtung aller Einzelfälle in den Werkstätten der Firma Ludwig Loewe, und man kann deshalb diese Tabelle stets vertrauensvoll zur Hand nehmen, wenn die Durchmesser der Einzelteile für Feinpassungen zu tolerieren sind.

Die Tabelle gibt in der ersten Spalte neben der laufenden Nummer die Normaldurchmesser von 3—675 mm an. Die nächsten beiden Spalten geben Plus- und Minustoleranz der Bohrung für diese Normaldurchmesser. Die beiden nächsten Spalten enthalten die Toleranz einer leichtlaufenden Welle für den Normaldurchmesser der Spalte 1 und die folgenden Spalten dasselbe für laufenden Sitz, Schiebesitz, festen Sitz und Preßsitz.

Hat man z. B. wie vorhin Bohrung und Welle vom Normalmaß 50 für leichtlaufenden Sitz zu tolerieren, so finden wir in Reihe 6 diesen Durchmesser und für die Bohrung in den nächsten beiden Spalten die Toleranz $+0,02$ und $-0,02$ angegeben. Das Toleranzmaß für die Bohrung wird dann $50 \pm 0,02$ geschrieben. Für die Welle geben die beiden nächsten Spalten der Reihe 6 die Toleranz $-0,06$ und $-0,1$; der größte Wellendurchmesser darf demnach 49,94 und der kleinste 49,9 werden. Das Toleranz

---

[1] Heft 193 und 194 der Forschungsarbeiten auf dem Gebiete des Ingenieurwesens.

6 Das Tolerieren d. Einzelmaße f. d. Herstellung austauschbarer Einzelteile.

Tabelle I.

Toleranz-Rachenlehren für Wellen

Nr.	Durch-messer	Tol.-Kaliber für Bohrungen min	Tol.-Kaliber für Bohrungen max	l. laufend ll max	l. laufend ll min	laufend l max	laufend l min	schiebend n max	schiebend n min	festsitzend f max	festsitzend f min	Preßsitz p max	Preßsitz p min
1	3—5,9	−0,005	+0,005	−0,01	−0,03	−0,005	−0,015	−0,003	−0,007	+0,006	−0,000	+0,017	+0,003
2	6—10,6	−0,01	+0,01	−0,02	−0,05	−0,01	−0,025	−0,005	−0,01	+0,01	−0,005	+0,02	+0,005
3	10,6—18	−0,015	+0,01	−0,03	−0,06	−0,015	−0,03	−0,005	−0,015	+0,01	−0,005	+0,025	+0,01
4	18,1—30	−0,015	+0,015	−0,04	−0,07	−0,02	−0,035	−0,005	−0,02	+0,01	−0,005	+0,03	+0,015
5	30,1—48	−0,02	+0,015	−0,05	−0,09	−0,025	−0,045	−0,01	−0,025	+0,01	−0,01	+0,035	+0,015
6	48,1—75	−0,02	+0,02	−0,06	−0,1	−0,03	−0,05	−0,01	−0,03	+0,01	−0,01	+0,04*	+0,02
7	75,1—115	−0,025	+0,02	−0,07	−0,12	−0,035	−0,06	−0,01	−0,035	+0,01	−0,01	+0,045	+0,025
8	115,1—175	−0,025	+0,025	−0,08	−0,14	−0,04	−0,065	−0,015	−0,04	+0,01	−0,01	+0,05	+0,03
9	175—265	−0,03	+0,025	−0,09	−0,16	−0,045	−0,075	−0,015	−0,045	+0,01	−0,01	+0,055	+0,035
10	266—350	−0,03	+0,03	−0,1	−0,18	−0,05	−0,085	−0,015	−0,05	+0,01	−0,015	+0,06	+0,04
11	351—450	−0,03	+0,03	−0,11	−0,2	−0,055	−0,1	−0,02	−0,055	+0,01	−0,015	+0,065	+0,045
12	451—675	−0,035	+0,035	−0,12	−0,22	−0,06	−0,115	−0,02	−0,06	+0,01	−0,015	+0,07	+0,05

Die technischen Vorarbeiten für die wirtschaftlichste Fertigung. 7

maß hierfür schreibt man 49,9 + 0,04. Für Preßsitz gibt die letzte Spalte der Reihe 6 die Toleranz + 0,02 und + 0,04 an. Die Welle hat hiernach das Plusmaß 50,04 und das Minusmaß 50,02 oder in Toleranzmaß geschrieben 50,02 + 0,02, während die Bohrung wie früher bleibt, nämlich 50 ± 0,02. An Hand dieser Tabelle lassen sich leicht die Toleranzmaße der Einzelteile für Bohrung und Welle bestimmen.

Das Tolerieren der Einzelteile und Einschreiben der Toleranzmaße in die Werkstattzeichnungen ist die Grundlage, auf welcher die Herstellung austauschbarer Einzelteile erfolgt.

Es wird nicht immer erforderlich sein, sämtliche Maße der Einzelteile zu tolerieren; so kann z. B. der Durchmesser einer Unterlegescheibe oder die Länge einer Schraube innerhalb größerer Grenzen über oder unter dem Normalmaß bleiben. In solchen Fällen gibt man dem Normalmaß keine Toleranz. Die Zeichnung erhält dann die Anmerkung, daß alle nicht tolerierten Maße um einen gewissen Prozentsatz nach oben und unten ausfallen können.

Wenn die Tolerierung solcher Teile durchgeführt werden soll, welche von dem Betriebe bereits hergestellt werden, und deren Ausführung zufriedenstellend war, obgleich die Bedingung der Austauschbarkeit noch nicht gefordert wurde, so wird man zuerst die Betriebstoleranz ermitteln. Man nimmt hierzu eine Reihe solcher Teile, 20—30 Stück und mißt jedes Maß mit geeigneten Meßapparaten nach; das größte und das kleinste Maß gilt dann als Toleranzmaß und ist in die Werkstattzeichnung einzutragen. Sollte dies Maß wesentlich von den Angaben der Tabelle abweichen, falls es sich um Durchmesser für Bohrung und Welle handelt, so wird man in jedem Falle zu überlegen haben, ob diese Abweichung begründet ist, wenn nicht, so muß man sich streng an die Werte der Tabelle halten. Da die Tabelle nur Toleranzwerte für Durchmesser angibt, so müssen alle anderen Längenmaße besonders behandelt werden und zwar nach Gesichtspunkten, die später noch eingehend besprochen werden.

Wir ersehen hieraus, daß die Tabelle uns wohl vollständige Auskunft über alle Feinpassungen für Welle und Bohrung geben kann, daß man aber bei der Bestimmung der Toleranzen für die verschiedenen Längenmaße zusammenhängender, ineinander- oder aufeinander gleitender Teile immer auf die eigene Erfahrung angewiesen ist, um die richtige Toleranz zu ermitteln.

8 Das Tolerieren d. Einzelmaße f. d. Herstelluug austauschbarer Einzelteile.

Da es hierfür keine allgemeinen Regeln gibt, die in allen Fällen angewandt werden können, so läßt sich die nötige Erfahrung und Übung für das Tolerieren dieser Längenmaße entweder durch Tätigkeit in einem technischen Büro erreichen, wo die Einzelmaße toleriert werden, oder wir können an Hand von besonders lehrreichen Übungsbeispielen diejenigen Gesichtspunkte kennen lernen, welche für das Tolerieren ausschlaggebend sind. Wir kommen hierauf noch ausführlich zurück.

Die in der Tabelle 1 angegebenen Toleranzen beziehen sich auf Feinpassungen; d. h. Bohrung und Welle sind geschliffen oder mindestens sauber geschlichtet. Für Schlicht- und Schruppassungen können gröbere Toleranzen gewählt werden. Hierüber werden Tabellen ausgearbeitet und sind vom Normalienausschuß der deutschen Industrie im Handel zu beziehen. In der Regel wird man es aber immer mit der Feinpassung zu tun haben, da Welle und Bohrung wohl immer geschliffen oder sauber geschlichtet sein müssen, wenn man sie für Preß-, Schiebe- oder Laufsitz herstellt.[1]

Handelt es sich daher um die Toleranzen für diese Passungen, so kann man den Normalmaßen auch die Bezeichnungen $p\ f\ s\ l$ und ll für Preß-, festen Schiebe- und Laufsitz beischreiben und erspart dann das Einschreiben der Toleranzen. Für diese Passungen gibt es im Handel Grenzlehren für alle normalen Durchmesser zu beziehen und die Toleranzen sind in diesen Lehren festgelegt. Wir kommen hierauf noch ausführlicher zu sprechen.

Das Bestimmen der Grenzmaße oder das Tolerieren der Einzelteile erfolgt, soweit es sich um Bohrung und Welle handelt, nach der Tabelle 1. Diese Tabelle ist unter der Voraussetzung aufgestellt, daß man von der normalen Bohrung ausgeht, d. h. wenn man eine bestimmte Passung zwischen Welle und Bohrung haben will, so wird die Bohrung normal oder innerhalb der hierzu gehörigen Grenzmaße gehalten. Die Welle dagegen wird im Durchmesser so gehalten, daß sie entsprechend der beabsichtigten Passung in die Bohrung eingeführt werden kann. Während demnach die Bohrung für alle Passungen gleich bleibt, wird die Welle jedesmal entsprechend der Passung für Preß-, festen-, Schiebe-

---

[1] Heft 206 der Forschungsarbeiten auf dem Gebiete des Ingenieurwesens gibt hierüber sehr beachtenswerte Anregungen.

Die technischen Vorarbeiten für die wirtschaftlichste Fertigung. 9

oder Laufsitz verschieden ausfallen. Wir haben es hier mit dem System der normalen Bohrung zu tun im Gegensatz zum System der normalen Welle, wo diese für alle Passungen innerhalb der gewählten Toleranz gleich bleibt und die Bohrung entsprechend der beabsichtigten Passung abstuft.

Das System der normalen Bohrung ist fast allgemein eingeführt, denn es bietet bei der Herstellung in der Regel die meisten Vorteile, weil man die hierzu erforderlichen Bohrwerkzeuge, Reibahlen u. dgl. im Handel fertig beziehen kann. Auch ist nur ein Satz dieser Werkzeuge für jeden Durchmesser erforderlich. Dann bietet auch das Einhalten eines bestimmten Maßes innerhalb der gewählten Maßgrenzen bei einer Welle geringere Schwierigkeiten als bei einer Bohrung.

Beim System der normalen Welle, wo also die Bohrung entsprechend der gewählten Passung abstuft, muß man für jede dieser Passungen Bohrwerkzeuge und Reibahlen anschaffen. Trotzdem kann dieses System in einzelnen Fabrikationszweigen Vorteile bieten, so z. B. im Transmissionsbau; aber im allgemeinen hat man es mit dem System der normalen Bohrung zu tun und die Angaben der Tabelle 1 geben dann die Toleranz der für alle Passungen gleichbleibenden Bohrung an und ebenso die Toleranz der für jede Passung abgestuften Welle.

Wir haben im vorherigen Abschnitt gefunden, daß die Herstellung austauschbarer Einzelteile nur nach Toleranzzeichnungen möglich ist. Die aus der Konstruktion sich ergebenden absoluten oder Normalmaße müssen eine Toleranz nach oben oder nach unten erhalten. Die Größe dieser Toleranz ist abhängig von der Aufgabe, welche dem Einzelteil in der Gesamtanordnung oder der Maschine zufällt. An Hand der Toleranztabelle konnten wir leicht eine Reihe Einzelmaße, z. B. Durchmesser für Bohrung und Welle für Preß-, Schiebe- oder Laufsitz bestimmen.

In ähnlicher Weise sind die Toleranzmaße für gerade Stücke, also die Längenmaße festzulegen. Wir werden später an Übungsbeispielen kennen lernen, wie das Tolerieren mehrerer zusammenhängender Einzelteile vor sich geht, wollen uns jetzt aber zunächst eingehender mit der Arbeitsweise in der Werkstatt befassen.

Nachdem ein bestimmter Auftrag ins technische Büro gelangt, werden dort die Werkstattzeichnungen und Stücklisten hergestellt. Handelt es sich um Neukonstruktionen, so geht natürlich die konstruktive Durcharbeitung des Apparates oder der Maschine voran und aus der Zusammenstellungszeichnung werden die Teilzeichnungen angefertigt und mit den Normalmaßen versehen. Es sind ferner Sonderzeichnungen für die Modellanfertigung oder zur Herstellung von Schmiedegesenken u. dgl. anzufertigen; doch diese dienen nicht zur direkten Anfertigung der Einzelteile und sollen hier weiter nicht besprochen werden.

Die so angefertigten Werkstattzeichnungen und Stücklisten gelangen zur Betriebsleitung und von dort zu den betreffenden Meistern. Handelte es sich um große Aufträge für Massenherstellung, so wurden von der Betriebsleitung wohl auch die zu verwendenden Werkzeugmaschinen im Einvernehmen mit der Werkstatt bestimmt, aber sonst war über die Ausführung der Aufträge scheinbar sehr wenig zu sagen. Wohl aber hatte die Betriebsleitung recht große Ursache, über den Ausschuß bei den einzelnen Operationen und in der Hauptrevision zu klagen. Ich will vorausschicken, daß dies nicht bei jenen gut organisierten Betrieben sein wird, welche sich die hier besprochenen technischen Grundlagen angeeignet haben, wohl aber in den vielen kleineren und mittleren Betrieben, welche sehr unvollkommenes oder gar kein technisches Personal haben.

Welches sind nun die Ursachen, daß man verhältnismäßig viel Ausschuß machte. Die Betriebsleitung hatte doch mit der Werkstatt und den Meistern über die Ausführung der Aufträge in der Regel recht wenig zu besprechen; es mußte demnach doch alles klar sein von der ersten Arbeitsstufe bis zur letzten.

Die Ursache liegt allein bei der Betriebsleitung. Es war eben nicht alles klar und der Werkstatt wurden auch keine näheren Angaben über die Arbeitsteilung der einzelnen Stücke gegeben. Der Meister konnte sich mit der Arbeitsteilung für die einzelnen Arbeitsstufen nicht eingehend beschäftigen und so blieb es dem Arbeiter überlassen, ob z. B. bei einem Gußstück zuerst die Löcher gebohrt wurden; dann mittelst dieser Löcher das Stück auf der Hobelmaschine befestigt und abgehobelt wurde, oder ob zuerst die Hobel- und Dreharbeit ausgeführt wird und dann zuletzt die Löcher gebohrt. Im ersteren Falle mußten in der Regel die Löcher mehr oder weniger nachgefeilt und aufgerieben werden. Das dies leicht zu vermeiden war, wenn man

Die technischen Vorarbeiten für die wirtschaftlichste Fertigung. 11

eine Bohrlehre benutzte, welche auf den vorher bearbeiteten Flächen richtig zur Anlage gebracht werden konnte, dies alles war wenig bekannt und wurde nicht ausgeführt, denn die Betriebsleitung arbeitete nicht nach den Grundregeln wirtschaftlichster Fertigung. Man sagte sich auch, bei den einigen 1000 Stück, die herzustellen sind, lohnen sich keine teueren Einrichtungen, da muß die Handarbeit einsetzen, wo die Werkzeugmaschine ungenau arbeitet. Der teuere und beste Facharbeiter war in der Montage zu finden und wurde dort zum Künstler in der Verdeckung der begangenen Fehler. Die Einzelteile waren bei dieser Art der Herstellung weder austauschbar noch auswechselbar.

Derartige fehlerhafte Einzelherstellung ist aber unter allen Umständen zu vermeiden, weil dann auch die besten Toleranzzeichnungen solche Fehler nicht wieder gut machen können. Deshalb ist die Arbeit des technischen Büros noch lange nicht beendet, wenn die Werkstattzeichnungen und die Stücklisten fertiggestellt und wenn die Normalmaße der Einzelteile toleriert sind; dann beginnt die Arbeitsstufeneinteilung und die Bestimmung der Arbeitsfolge. Dies sind diejenigen Anweisungen, welche die Betriebsleitung den Meistern und diese den Arbeitern vor Anfertigung des Einzelteiles geben müssen, wenn man austauschbare Einzelteile herstellen will. Es darf jetzt nicht mehr zweifelhaft sein und dem Gutdünken des Meisters oder Arbeiters überlassen bleiben, ob zuerst die Löcher zu bohren sind und dann zu hobeln, drehen, oder zu fräsen oder umgekehrt. An Hand von Arbeitslisten, welche mit den Toleranzzeichnungen und Stücklisten der Werkstatt übergeben werden, hat jetzt die Bearbeitung zu erfolgen.

Ehe wir uns mit der Aufstellung solcher Arbeitslisten näher befassen, soll an nachstehend besprochenem Beispiel bewiesen werden, daß allein durch eine bestimmte Arbeitsfolge bei der Herstellung der Einzelteile die Gewißheit gegeben ist, daß diese Stücke lehrenhaltig und austauschbar sind.

Wenn die in Abb. 1 abgebildete Spindel herzustellen ist, so ist es durchaus nicht gleichgültig, in welcher Reihenfolge dieselbe bearbeitet wird. Wenn der Dreher zuerst die ganze Länge von A bis B andreht und dabei auf das noch innerhalb der Toleranz liegende Maß 99,75 kommt, was zulässig ist, so wird die Spindel Aus-

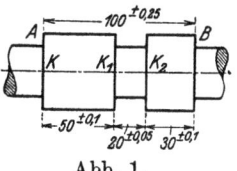

Abb. 1.

12 Das Tolerieren d. Einzelmaße f. d. Herstellung austauschbarer Einzelteile.

schuß, wenn das eine Ende 50,1 und die Ausdrehung 20,05 ausfällt, denn es bleibt in diesem Falle für das letzte Stück nur noch:
$$99{,}75 - (50{,}1 + 20{,}05) = 29{,}6$$
während das Minus-Grenzmaß nur 29,9 sein darf.

Wenn man der Werkstatt aber vorschreibt, wie die Arbeitsstufenfolge sein soll, nämlich:

1. Arbeitsstufe: Andrehen der Länge $50 \pm 0{,}1$
2. „ Ausdrehen des Einstiches $20 \pm 0{,}05$
3. „ Andrehen der Länge $30 \pm 0{,}1$

so wird die Gesamtlänge der Spindel $100 \pm 0{,}25$ in allen Fällen eingehalten werden, wenn die Einzelmaße innerhalb der Toleranz bleiben.

Die in diesem Beispiel besprochene Spindel hatte mehrere tolerierte Einzelmaße, die das Gesamtmaß $100 \pm 0{,}25$ ergaben. Wir wissen, daß nur die Maße zu tolerieren sind, bei welchen die Austauschbarkeit es erfordert, daß diese Maße zwischen bestimmten Grenzwerten liegen. Wir konnten dies bei der Spindel nicht beurteilen, weil der Zusammenhang derselben mit den Nebenteilen nicht bekannt war; es wurde deshalb die Annahme gemacht, daß alle Einzelmaße toleriert werden mußten, außerdem natürlich noch die Durchmesser, die aber bei dem hier besprochenen Fall nicht in Frage kommen.

Es wird in den meisten Fällen aber nicht nötig werden, alle 3 Einzelmaße zu tolerieren, so z. B. wenn auf dem einen Spindelende ein Zahnrad oder eine Riemscheibe sitzt. Kann also in diesem Falle das Maß 30 beliebig ausfallen, d. h. innerhalb der allgemein zulässigen Toleranz liegen, so wird auch die Arbeitsfolge eine andere als im vorhin besprochenen Falle. Jetzt kann man zuerst auf ganze Länge abstechen und die Arbeitsfolge lautete:

1. Arbeitsstufe: Andrehen auf Länge $100 \pm 0{,}25$
2. „ Andrehen der Länge $50 \pm 0{,}1$
3. „ Ausdrehen des Einstiches $20 \pm 0{,}05$

In diesem Falle wird aber das kurze Spindelende $30 \pm 0{,}4$ ausfallen, denn bei dem Minusgrenzfall für die Gesamtlänge $= 99{,}75$ und den Plusgrenzfällen für die beiden Einzelmaße 50,1 und 20,05, wird das betreffende übrigbleibende Spindelende
$$99{,}75 - (50{,}1 + 20{,}05) = 29{,}6$$

Die technischen Vorarbeiten für die wirtschaftlichste Fertigung. 13

und im entgegengesetzten Grenzfalle bei einem Plusmaß für die ganze Länge 100,25 und den Minusgrenzmaßen für die beiden Einzellängen = 49,9 und 19,95 ergibt sich das übrigbleibende Ende zu:

$$100,25 - (49,9 + 19,95) = 30,4$$

es fällt also innerhalb der Maßgrenzen 29,6 und 30,4 aus oder das Toleranzmaß dafür beträgt $30 \pm 0,4$.

In unserem Falle, wo dieses Spindelende zur Aufnahme einer Riemscheibe oder eines Zahnrades dient, ist diese große Toleranz von $\pm 0,4$ zulässig. In vielen anderen Fällen wird dies aber nicht mehr angängig sein, deshalb muß nochmals hervorgehoben werden, daß beim Tolerieren der Einzelmaße der Zusammenhang des Einzelteiles in der Gesamtanordnung der Maschine in Betracht zu ziehen ist. Hieraus allein kann man schließen, ob das betreffende Einzelmaß toleriert werden muß oder ob der durch das Nichttolerieren auftretende größere Maßunterschied in den äußersten Grenzfällen noch zulässig ist.

Wir werden an späteren Beispielen, wo die besprochene Spindel im Gußgehäuse eingebaut ist, noch leichter erkennen, wie die Einbauverhältnisse das Tolerieren der Einzelmaße beeinflussen können, möchten uns jetzt aber wieder zu der Arbeitsteilung und den Folgen falscher Arbeitsfolge wenden.

Wir hatten in dem zuerst besprochenen Beispiel bei der Spindel gefunden, daß die Arbeitsfolge eine ganz bestimmte sein muß, wenn bei allen drei Einzelmaßen eine bestimmte Toleranz eingehalten werden muß. Wir hatten ferner im zweiten Falle gesehen, daß bei dem einen nicht tolerierten Spindelende die Toleranz erheblich größer im ungünstigsten Falle ausfallen kann, nämlich $\pm 0,4$ gegen $\pm 0,1$ im ersten Falle. Im ersten Falle war es Bedingung, die Arbeitsfolge so einzuhalten wie vorgeschrieben; im zweiten Falle konnte die Arbeitsfolge auch anders gewählt werden.

Wir wollen jetzt noch weitere Fälle untersuchen, um zu sehen, welchen Einfluß die Arbeitsfolge auf die Toleranz eines Einzelmaßes haben kann.

Wenn bei derselben Spindel nach Abb. 1 die Eindrehung eine beliebige Breite haben kann, die anderen Maße aber beibehalten werden, so bleibt die Arbeitsfolge ähnlich wie im zweiten Falle:

14 Das Tolerieren d. Einzelmaße f. d. Herstellung austauschbarer Einzelteile.

1. Arbeitsstufe: Abstechen auf ganze Länge $100 \pm 0{,}25$
2.   „   Andrehen der Länge . . . $50 \pm 0{,}1$
3.   „   „   „   „ . . . $30 \pm 0{,}1$

In diesem Falle wird die Breite des Einstiches im Plusmaß 100,25 — (49,9 + 29,9) = 20,45 und im Minusmaß 99,75 — (50,1 + 30,1) = 19,55 oder im Toleranzmaß $20 \pm 0{,}45$.

Es ist demnach beim Tolerieren wieder festzustellen, ob diese große Toleranz noch zulässig ist.

Wir erkennen auch an diesem Beispiel, wie man beim Tolerieren stets die Gesamtanordnung des Einzelfalles im Auge haben muß; wenn man auch bestrebt sein wird, so wenig wie möglich Einzelmaße zu tolerieren, so darf hierdurch die Austauschbarkeit des Einzelteiles nicht leiden. Es darf deshalb niemals unterlassen werden, zu untersuchen, ob durch die auftretende größere Toleranz eines nicht tolerierten Einzelmaßes nicht unzulässige Erscheinungen auftreten und die Austauschbarkeit unmöglich machen.

Wir fanden in den 3 besprochenen Fällen, daß die Arbeitsfolge nur im ersten Falle, wo alle drei Einzelmaße toleriert waren, die Toleranz des Einzelmaßes so beeinflußt, daß Ausschuß leicht entstehen kann; wir mußten deshalb hier eine bestimmte Arbeitsfolge einhalten. In den anderen Fällen, wo nicht alle drei Einzelmaße toleriert, wurde die Toleranz der Einzelmaße durch die Arbeitsfolge zwar nicht beeinflußt, wohl aber ergab sich in den ungünstigsten Grenzfällen eine weit größere Toleranz, als im ersten Falle zulässig war. **Deshalb gilt als wichtigste Grundlage beim Tolerieren der Einzelteile, daß die Arbeitsteilung und Arbeitsfolge festgelegt wird und daß bei nicht tolerierten Maßen untersucht wird, ob die Maßunterschiede in den äußersten Maßgrenzen noch zulässig sind.**

Wird das Tolerieren der Einzelteile nach diesen Gesichtspunkten durchgeführt, so kann die Austauschbarkeit der Einzelteile garantiert werden.

Wir erkennen an dem sehr einfachen Beispiel der Spindel nach Abb. 1, welche Folgen eine falsche Arbeitsteilung haben kann; um wieviel mehr wird dies der Fall sein, wo man die Arbeitsteilung überhaupt nicht festlegt und dies dem Meister oder Arbeiter überläßt. Auch in allen Fällen, wo man es mit schwierigen Konstruktionen mehrerer zusammenhängender, ineinander oder aufeinander gleitender Teile zu tun hat, wird die Arbeitsteilung und die Bestimmung der Arbeitsfolge zur ersten Notwendigkeit, denn hiernach lassen sich erst die erforderlichen Hilfseinrichtungen wie Bohrlehren u. dgl., sowie auch die Lehren und Lehrgeräte bestimmen.

Deshalb muß der Arbeitsteilung eines Einzelteiles die größte Aufmerksamkeit gegeben werden, weil etwaige Fehler hierbei sich auf alle Hilfseinrichtungen übertragen und hier entweder dauernd unwirtschaftliches Arbeiten oder große Geldopfer erfordern.

Nach diesen Betrachtungen müßte man sich eigentlich wundern, wie bei der vielfach unvollkommenen technischen Durcharbeitung der Einzelteile, die Werkstatt nicht noch mehr Ausschuß macht, wenn man die außerordentlich wichtige Arbeit der Arbeitsteilung den Meistern oder Arbeitern überläßt und auch das Tolerieren der Einzelteile vielfach nicht durchführt.

Für diese Arbeiten sind keine besonderen technischen Kenntnisse erforderlich; der vollständige Arbeitsgang des Einzelteiles muß vor der Anfertigung im Kopfe des Konstrukteurs oder Betriebsleiters klar vorliegen und die einzelnen Arbeitsvorgänge müssen in der Arbeitsliste der Werkstatt übergeben werden; dann kann man auch austauschbare Einzelteile mit wenig Ausschuß verlangen und deren Herstellung wird durch ungelernte Arbeitskräfte leicht möglich sein.

2. Die Fertigung tolerierter Einzelteile.

Es scheint vielleicht der Einwand berechtigt, ob denn durch diese zeitraubende Kopfarbeit für das Tolerieren und die Bestimmung der Arbeitsfolge wirklich ein derartiger Nutzen erreicht wird, der die bisher übliche Paßarbeit bei der Montage aufwiegt.

Das kann man nicht allgemein beantworten. In erster Linie ist es natürlich Bedingung, daß man eine größere Anzahl der Einzelteile anzufertigen hat. Bei Einzelanfertigung kommt das Arbeiten nach Toleranzzeichnungen und eine bestimmte Arbeitsteilung weniger in Frage; meist nur bei der Anfertigung von Lehren und Spannvorrichtungen. Wie groß aber die Aufträge der Reihen- oder Massenherstellung sein müssen, um bei

16 Das Tolerieren d. Einzelmaße f. d. Herstellung austauschbarer Einzelteile.

der besprochenen Arbeitsweise noch wirtschaftlich zu bleiben, kann nur eine genaue Kalkulation zeigen. Hierbei kommen dann alle die Faktoren zum Ausdruck, die wohl in den meisten Fällen zur Herstellung austauschbarer Einzelteile zwingen, nämlich: billige Löhne, Herstellung durch ungelernte Arbeiter, gute Ausnutzung der Werkzeugmaschinen, Rohstoffersparnis usw. Diese günstigen Ergebnisse der Reihen- und Massenherstellung können wir hier nur erwähnen, ein näheres Eingehen darauf wird in diesem Lehrhefte nicht möglich, wird aber überhaupt kaum erforderlich sein, denn diese Vorteile sind jedem Praktiker aus eigener Erfahrung bekannt.

Wir wissen, daß zur Herstellung austauschbarer Einzelteile der Werkstatt Toleranzzeichnungen und Arbeitslisten übergeben werden müssen. Die Toleranzzeichnung gibt an, welche Maße innerhalb gewisser Grenzen einzuhalten sind, und aus der Arbeitsliste erkennt die Werkstatt, in welcher Reihenfolge die Bearbeitung des Einzelteiles vorzunehmen ist. Die in Abb. 1 dargestellte Spindel war durch tolerierte Einzelmaße bestimmt, und die Arbeitsfolge wurde in den drei besprochenen Einzelfällen ebenfalls festgelegt.

Bei diesem ziemlich einfachen Teil machten diese Angaben keine großen Schwierigkeiten; man wird es aber wohl auch vielfach mit Einzelteilen schwierigerer Konstruktion zu tun haben, bei denen die Arbeitsfolge nicht so klar liegt, sondern eine gewisse Überlegung und gute Kenntnis der Materialbearbeitung erfordert.

In Abb. 2 ist die Toleranzzeichnung eines Steuerhebels dargestellt, bei welchem die einzelnen Arbeitsvorgänge bei der Bearbeitung nach den vorhin genannten Gesichtspunkten bestimmt werden müssen, wenn man die wirtschaftlichste Herstellung des Stückes erreichen will.

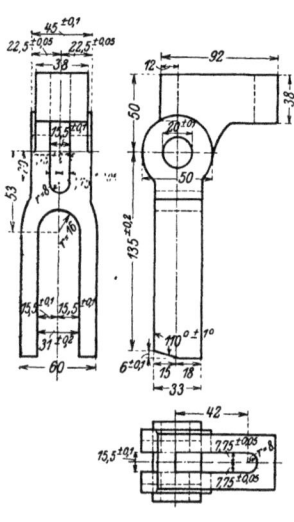

Abb. 2.

Wir haben in der Toleranzzeichnung Abb. 2 außer dem Grenzmaß für die Bohrung von $20 \pm 0{,}1$ noch verschiedene tolerierte Längenmaße. Die Breite des Hebels an der Bohrung ist $45 \pm 0{,}1$, die Breite des oberen Schlitzes $15{,}5 \pm 0{,}1$, die symmetrische Lage des Schlitzes zur Mittellinie ist durch das Toleranzmaß $7{,}75 \pm 0{,}05$ angegeben und dann ist die Breite der unteren Gabelung $31 \pm 0{,}2$ und deren symmetrische Lage zur Mittellinie gleich $15{,}5 \pm 0{,}1$. Endlich haben wir noch das Toleranzmaß $135 \pm 0{,}2$ und den Winkel der Unterkante zu $110° \pm 1°$ sowie das Maß $6 \pm 0{,}1$, wo die Schräge der Unterkante beginnt.

Alle anderen zur Anfertigung des Hebels erforderlichen Maße sind nicht toleriert, denn sie haben auf die Austauschbarkeit keinen Einfluß.

Nach welchen Gesichtspunkten die Toleranz der Einzelmaße bestimmt wurde, wollen wir bei diesem Beispiel nur andeuten, es fehlt uns hierzu auch die Kenntnis der anschließenden Nebenteile; wir erkennen aber deutlich, daß alle diejenigen Maße toleriert sind, welche bestimmte Passungen haben müssen. So dient die Bohrung zur Aufnahme eines Bolzens als Drehpunkt des Hebels, die Toleranz ist hier anormal, aus Gründen, die später besprochen werden. Der Bolzen selbst, welcher hier nicht dargestellt ist, wird die Toleranz $-0{,}04$ bis $0{,}07$ für leichten Laufsitz haben.

Die Hebelbreite von $45 \pm 0{,}1$ an der Bohrung muß in die dafür bestimmte Gabelung des Steuerbockes passen, während die Hebelbreite oberhalb der Lochbohrung nicht toleriert ist, sondern innerhalb einer allgemein festzulegenden Toleranz ausfallen kann.

Der obere Schlitz des Hebels, vom Toleranzmaß $15{,}5 \pm 0{,}1$ dient zur Aufnahme eines Gelenkhebels, welcher sich darin leicht bewegen muß und sogar einen gewissen Spielraum haben wird. Die Toleranz hat in solchen Fällen auf die Austauschbarkeit keinen Einfluß, wenn sie kleiner als dieser Spielraum gehalten wird; man bestimmt die Toleranz dann allein nach Fabrikationsrücksichten, die hier z. B. darin bestehen werden, daß die Stoßstähle, mit welchen die Schlitze ausgestoßen werden, unter sich auch einen gewissen Unterschied in der Breite haben werden oder beim Nachschleifen sich ändern können.

Der Schlitz soll dann innerhalb gewisser Grenzen symmetrisch zur Mittellinie sitzen; dies wird ausgedrückt durch das Toleranzmaß $7{,}75 \pm 0{,}05$, um welches die halbe Schlitzbreite von der Mittellinie entfernt sein muß. Diese Toleranzangabe erfolgt nach dem Gefühl und der Erfahrung des Konstrukteurs und ist wieder abhängig von dem Genauigkeitsgrade, mit welchem die Werkstatt arbeitet. Ist man dort an sehr genaues Arbeiten gewöhnt, so kann man diese Toleranz kleiner halten, als wenn die Werkstatt weniger genau arbeitet. Hierbei ist aber auch wiederum zu bedenken, daß unnötige Genauigkeit die Herstellung verteuert, aber auch wiederum die Güte der Maschine erhöht, so daß viele Abnehmer dafür lieber einen höheren Preis zahlen als für andere minderwertige Ware. Wir haben es hier also mit einer Toleranz zu tun, welche sich nicht für alle Werkstätten gleich groß ergeben wird, sondern von dem Arbeitsprinzip, nach welchem der Betrieb arbeitet, abhängig ist und ebenfalls von der Art der Maschine, zu welcher der Einzelteil gehört. Ist dies eine landwirtschaftliche Maschine oder dgl., so kann die Werkstatt mehr Spielraum zwischen den einzelnen Maßgrenzen der tolerierten Einzelmaße erhalten und wird sogar erhalten müssen, als wenn das Einzelteil zu einem Motor, Dampfmaschine oder dgl. gehört. Die Werkstatt, welche landwirtschaftliche Maschinen baut, wird auch gar nicht in der Lage sein, Einzelteile in solch engen Maßgrenzen zu halten als dies für den Bau von Dampfmaschinen, Gasmotoren oder Nähmaschinen und Fahrrädern erforderlich ist.

Wenn auch nach diesen Gesichtspunkten die Toleranz der Einzelmaße verschieden ausfallen wird, je nach der Art der Maschine oder der Werkstatt, welche die Maschine anfertigt, so wird doch hierdurch die Austauschbarkeit der Einzelteile nicht berührt. Der zu dem oberen Schlitz des Steuerhebels gehörige Gelenkhebel ist immer austauschbar, ob die Toleranz des Schlitzes ein oder mehrere Zehntel beträgt, denn dieser Gelenkhebel wird so toleriert, daß sein Plusgrenzmaß gleich oder kleiner ist als das Minusgrenzmaß des Schlitzes. Diese Bedingung muß beim Tolerieren der Einzelteile stets erfüllt werden und wir werden bei späteren Beispielen noch ausführlicher darauf zurückkommen.

Aus dem Vorstehenden ergibt sich, daß durch die Toleranztabelle 1, welche die Toleranz der Durchmesser für Welle und Bohrung angibt, nur ein Teil der Einzelmaße toleriert werden kann und daß alle Längenmaße nur nach reiflicher Überlegung und unter Beachtung aller in Betracht kommenden Gesichtspunkte bestimmt werden können. Die richtige Überlegung und das nötige Gefühl beim Tolerieren erhält man aber durch gute

Kenntnis der Vorgänge in der Werkstatt und durch Besprechung dieser verschiedenen Gesichtspunkte an besonders lehrreichen Übungsbeispielen.

Der untere gabelförmige Teil des Steuerhebels hat für den Schlitz die Toleranz $\pm\,0{,}2$. Diese große Toleranz wird nötig, weil der gabelförmige Teil sich beim späteren Härten leicht verziehen kann und nachschleifen zu vermeiden ist. Auch wird bei diesem unteren Schlitz keine große Genauigkeit nötig sein, weil das in diesem Schlitz laufende Schneckenrad reichlich Spielraum haben kann. Die symmetrische Lage des Schlitzes wird wieder wie beim oberen Schlitz durch das Toleranzmaß $15{,}5\pm{}^{0,1}$ bestimmt.

Dann ist noch das Längenmaß vom Mitte Loch bis Unterkante Hebel toleriert, weil diese Kante als Steuerkante auf einer Kurvenbahn abrollt, und ebenfalls der Winkel, den die Stirnfläche mit der Seitenfläche bildet. Aus der Gesamtanordnung des Hebels mit seinen Nebenteilen in der Maschine ergibt sich die Notwendigkeit, diese Maße zu tolerieren, wir können hier jedoch darauf nicht näher eingehen, sondern werden an anderen einfacheren Beispielen die in Betracht kommenden Gesichtspunkte ausführlich erläutern.

Wir erkennen aus diesem Beispiel, daß das Tolerieren der Einzelteile meistens nach dem Gefühl des Konstrukteurs erfolgen muß, wenn es sich um die einzelnen Längenmaße handelt; für die Durchmesser von Welle und Bohrung gibt die Tabelle 1 die passende Toleranz für die verschiedenen Passungen an.

Durch Übung und Zusammenarbeiten mit der Werkstatt wird man aber bald das Richtige treffen. Der Zusammenhang des Einzelteiles mit dem Nebenteil ist scharf im Auge zu behalten; die Folgen zu enger Toleranzen sind stets zu berücksichtigen, wie überhaupt zu enge Toleranzen zu vermeiden sind und auch nur solche Maße toleriert werden sollen, welche eine bestimmte Passung festlegen.

Wir finden deshalb bei dem Hebel alle Maße, auf die es weniger ankommt, ohne Toleranzangabe, und hierfür wird auf den Zeichnungen vermerkt, daß nicht tolerierte Maße eine Toleranz von $\pm\,1-2\%$ der Länge haben können. Diese nicht tolerierten Maße werden nicht gelehrt, dagegen benutzt man für die Kontrolle der tolerierten Maße die sogenannten Grenzlehren, auf welche wir im II. Teile ausführlich zu sprechen kommen.

20 Das Tolerieren d. Einzelmaße f. d. Herstellung austauschbarer Einzelteile.

Wir haben also bei dem Steuerhebel Grenzlehren für die Bohrung, die Hebelbreite an der Bohrung, die obere Schlitzbreite, die Breite des Gabelschlitzes, die Länge von Mitte Loch bis Unterkante und für den Winkel an der Unterkante. Außerdem sind zwei Lehrgeräte erforderlich für die symmetrische Lage des oberen Schlitzes und des unteren Gabelschlitzes. Auf diese Lehren und deren Anwendung kommen wir später zurück.

Nachdem also der Hebel in dieser Weise durch die Toleranzmaße genau bestimmt ist und die Lehren festgelegt sind, muß die Arbeitsliste angefertigt und die Spannvorrichtungen, Bohrlehren und sonstige Hilfswerkzeuge entworfen werden. Wir wissen aus dem vorhin Gesagten, daß es der Werkstatt nicht überlassen werden kann, wie und in welcher Weise und Reihenfolge die Bearbeitung des Hebels stattfinden soll, vielmehr muß dies vom technischen Büro oder der Betriebsleitung vorher festgelegt werden. Wir haben am Beispiel der Abb. 1 gesehen, daß durch falsche Arbeitsfolge leicht Ausschuß entstehen kann, es wird deshalb erforderlich, die Arbeitsvorgänge genau zu studieren und aus den verschiedenen Wegen, die zum Ziele führen, diejenigen festzulegen, bei welchem der Hebel mit dem geringsten Aufwand an Arbeit fertiggestellt werden kann.

In der beistehend dargestellten Arbeitsliste Abb. 3 ist die Reihenfolge der Arbeitsstufen dadurch gekennzeichnet, daß durch eine stark ausgezogene Linie an den Skizzen diejenige Fläche jedesmal angedeutet wird, welche in der betreffenden Stufe zu bearbeiten ist. Wir finden in der Liste dann noch außer der Arbeitsstufen-Nr., in Spalte 1, die Lehren-Nr., welche immer gleich der Arbeitsstufen-Nr. ist, ferner die Werkzeug-Nr. und die Nr. der zugehörigen Hilfswerkzeuge, Spannvorrichtungen oder Bohrlehren.

In der Arbeitsstufe Nr. 1 wird der Hebel an der einen Breitseite gefräst, das Werkzeug hierzu ist ein mehrteiliger Fräser. In Arbeitsstufe Nr. 2 wird die gegenüberliegende Seite gefräst, hierbei ist die Lehre Nr. 2 zu benutzen für das Grenzmaß $45 \pm 0{,}1$ Das Werkzeug bleibt derselbe mehrteilige Fräser. Nach Stufe 3 und 4 werden die beiden Schmalseiten und nach Stufe 5 die obere Stirnseite bearbeitet. In Stufe 6 und 7 wird das Loch gebohrt und gerieben; hierbei dient die Lehre Nr. 7 zur Prüfung des fertigen Loches. Dann wird in Stufe 8 das Grundloch für

Die Fertigung tolerierter Einzelteile.

Arbeits-stufe Nr.	Benennung der Arbeitsstufe	Skizze	Spannvor-richtung Nr.	Lehren Nr.	Werkzeug Nr.	Bemerkung
1	Fräsen der rechten Breitseite		1	—	Steuerhebel Nr. 1 bis 2	4 teiliger Fräser
2	Fräsen der linken Breitseite		2	2	Steuerhebel Nr. 1 bis 2	4 teiliger Fräser
3	Fräsen der vorderen Schmalseite		3	—	Steuerhebel Nr. 3	3 teiliger Fräser
4	Fräsen der hinteren Schmalseite		4	—	Steuerhebel Nr. 4	4 teiliger Fräser
5	Fräsen der oberen Stirnseite	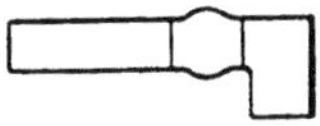	5	—	gewöhnl. Walzenfräser	
6	Bohren des Loches	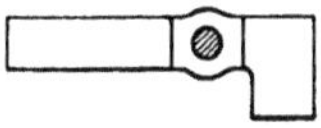	6	—	Spiralbohrer 19,5 mm Dmr	
7	Reiben des Loches	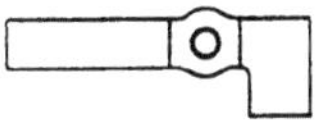	7	7	Reibahle Nr. 7	
8	Bohren des Grundloches für den Schlitz	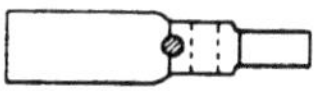	8	—	Spiralbohrer 16 mm Dmr.	
9	Bohren des Stoßloches für den Schlitz	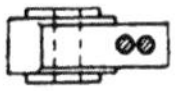	9	—	Spiralbohrer 16 mm Dmr.	
10	Aufräumen des Stoßloches	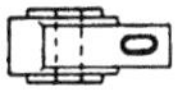	10	—	Stoßstahl Nr. 10	
11	Ausstoßen des Schlitzes	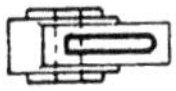	11	11 11a	Stoßstahl Nr. 11	Lehre 11a nur für Hauptrevision
12	Ausfräsen des Schlitzes	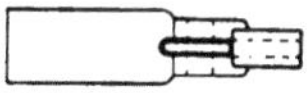	12	11 11a	Fingerfräser Nr. 12	Lehre 11a nur für Hauptrevision
13	Bohren des Grundloches für Gabelschlitz	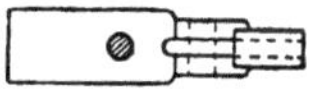	13	—	Spiralbohrer 32 mm Dmr.	
14	Vorstoßen des Gabelschlitzes	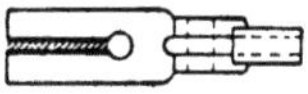	14	—	Stoßstahl Nr. 14	
15	Fertigstoßen des Gabelschlitzes	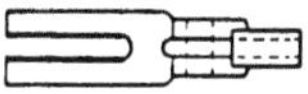	15	15 15a	Stoßstahl Nr. 15	Lehre 15a nur für Hauptrevision
16	Schrägfräsen der unteren Stirnfläche	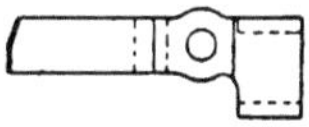	16	16	Fräser Nr. 16	Fräser ist 2 teilig
17	Verputzen der Frässtellen und Grat wegnehmen	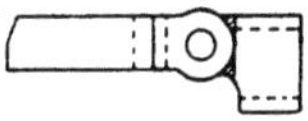	—	—	—	die schraffierten Stellen sind von Hand wegzuarbeiten
18	Einsetzen, härten und blasen	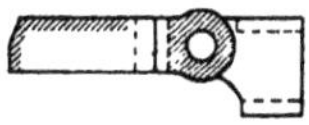	—	—	—	die schraffierten Stellen u. das Loch sind zu härten. Temperatur 800° C
	Schleifen der Bohrung					Nur wenn beim Härten verzogen

Abb. 3. Arbeitsstufen für einen Steuerhebel.

den oberen Schlitz gebohrt, damit der Stoßstahl frei auslaufen kann, und in Stufe 9 zwei Löcher für das Einführen des Stoßstahles. In Stufe 10 werden diese Löcher aufgeräumt, so daß in Stufe 11 der obere Schlitz zum Teil ausgestoßen werden kann, während in Stufe 12 der stehengebliebene Teil mit dem Fingerfräser ausgefräst wird. In Stufe 11 und 12 werden die Lehren zum Prüfen der Schlitzbreite und die Lehrgeräte für die Feststellung der symmetrischen Lage des Schlitzes angewendet. Wir behandeln diese Meßgeräte später bei der Besprechung der Lehren ausführlich.

Die weitere Bearbeitung des Hebels in Stufe 13, 14 und 15 besteht aus dem Bohren des Loches für den Gabelschlitz, dem Vorstoßen und Fertigstoßen dieses Schlitzes. In Stufe 15 werden wieder die Lehre für die Schlitzbreite und ein Lehrgerät zum Messen der symmetrischen Schlitzlage benutzt.

In Stufe 16 wird dann die Schräge der unteren Stirnfläche auf den Abstand vom Drehpunkt angefräst; zum Messen dient ein besonderes Lehrgerät.

In Stufe 17 wird als Handarbeit das Verputzen des Auges an der Bohrung ausgeführt; dies läßt sich natürlich auch maschinell erreichen. Stufe 18 deutet das Einsetzen und Blasen des Hebels im Sandstrahl an und in der letzten Stufe 19 findet ein Ausschleifen der Bohrung statt, falls diese sich beim Einsetzen verzogen haben sollte. Die letzte Stufe wird nicht vorher zu bestimmen sein, denn bei einem Hebel, dessen Bohrung in Stufe 7 auf Toleranzmaß gerieben ist, kann das Nachschleifen des Loches nicht mehr in Frage kommen. Dieses Nachschleifen wäre auch schon deshalb zu vermeiden, damit nicht die im Einsatz sich bildende $3/10 - 4/10$ starke Härteschicht wieder ausgeschliffen wird. Stellt es sich dagegen beim Einsetzen heraus, daß der Hebel sich am Loch verzieht, so kann Stufe 7 wegfallen und dafür wird die Bohrung in der letzten Arbeitsstufe geschliffen und dann geprüft. Eine weitere Besprechung der nach den Arbeitsstufen vorzunehmenden Bearbeitung erscheint nicht nötig und würde auch den Umfang dieses Lehrheftes zu weit ausdehnen, dagegen erfordern noch die zur Bearbeitung nötigen Hilfseinrichtungen eine ausführlichere Besprechung.

Diese Hilfseinrichtungen bestehen in erster Linie aus geeigneten Spannvorrichtungen, um den Hebel bei jeder Arbeitsstufe schnell und richtig einspannen zu können. Für Stufe 1—5 dienen einfache kräftig gehaltene Schraubstöcke mit entsprechend geformten Einlagen an den Backen für die betreffende Form des Hebels. Die untere Auflagefläche für den Hebel besteht zweckmäßig aus verstellbaren Unterlagen, welche der jeweiligen Stärke des Materials leicht angepaßt werden können. Da der Hebel nach Stufe 2 gelehrt wird, so ist die Höhenstellung des Tisches der Fräsmaschine vor der Bearbeitung genau einzustellen und die Hebelbreite an der Bohrung bei jedem fertig gefrästen Stück zu prüfen.

In Stufe 6 wird das Loch gebohrt und man benutzt hierzu eine Spannvorrichtung, welche gleichzeitig als Bohrlehre ausgebildet ist.

Bei einer Bohrlehre ist ganz besondere Sorgfalt auf die Aufnahme für das Einzelteil zu verwenden. Das zu bohrende Loch sitzt in der Regel in einer bestimmten Entfernung von zwei Außenkanten; deshalb muß die Bohrlehre so ausgebildet werden, daß der einzuspannende Hebel beim Einspannen sofort in die richtige Lage zum Loche der Bohrbuchse gebracht wird, damit dann das zu bohrende Loch ebenfalls seine richtige Stellung zu den beiden Außenkanten hat, von welchen aus die Lage des Loches bestimmt ist. Dies erreicht man, indem die Bohrlehre mit zwei rechtwinklig zueinander liegenden Aufnahmeflächen ausgebildet wird; an diese beiden Flächen muß dann der Hebel beim Einspannen angedrückt werden.

Diese Aufnahmeflächen entsprechen in der Regel den beiden Außenkanten, von denen aus die Lage des Loches in der Werkstattzeichnung bestimmt ist. Bei unserem Hebel würde eine dieser Außenkanten die untere Stirnfläche des Hebels sein, welche die Abschrägung hat, weil die Entfernung dieser Kante vom Loch innerhalb einer bestimmten Toleranz liegen muß. Da aber diese Kante erst später in Stufe 16 bearbeitet wird, so ist die gegenüberliegende Stirnfläche als eine der Aufnahmeseiten zu wählen. Für die andere Seite kann nach Belieben die in Stufe 3 oder 4 gefräste Seite gewählt werden.

Der Bügel der Bohrlehre muß gut geführt und leicht und sicher feststellbar sein. Die Druckstellen des Bügels müssen so

24　Das Tolerieren d. Einzelmaße f. d. Herstellung austauschbarer Einzelteile.

angeordnet werden, daß beim Festspannen der Hebel auf beiden Enden gegen seine Unterlage gespannt wird. Für diesen Zweck sind Klappbügel mit Gelenk nicht immer zu empfehlen, wenigstens nicht für schwerere Teile, sondern der in seiner Führung liegende Bügel ist an beiden Enden durch Keile-Exzenter oder Schrauben fest herunterzudrücken. Die Bohrlehre wird die in Abb. 4 schematisch dargestellte Ausbildung haben.

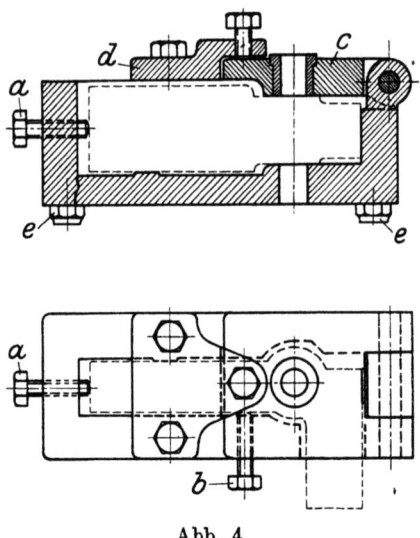

Abb. 4.

Der Hebel wird in die von Bohrspänen sauber gereinigte Vorrichtung gelegt und zuerst durch die beiden Schrauben, Keile oder Exzenter bei a und b leicht angespannt. Dann wird der Bügel c und das Spannstück d aufgelegt und fest angezogen; und die Schrauben $a-b$ nochmals fest nachgespannt, so daß der Hebel in der Vorrichtung unverrückbar festliegt. Die Vorrichtung steht auf 4 (niemals 3) Auflageflächen e, welche genau in einer Ebene liegen; man kann dann leicht prüfen, ob der Bohrmaschinentisch gerade ist, oder ob unter der Bohrvorrichtung Späne liegen, denn die Vorrichtung darf auf dem Tisch nie wackeln.

Für das Bohren größerer Löcher empfiehlt es sich, die Vorrichtung auf dem Tische der Bohrmaschine festzuspannen; bei

Die Fertigung tolerierter Einzelteile.

kleineren Löchern kann man sie mit der Hand festhalten, oder gegen Drehung durch am Tisch angebrachte Anschläge sichern.

Die Bohrbüchsen sind glashart, werden in den Bügel mit Preßsitz eingesetzt und nachher geschliffen. Die Büchsen müssen entweder bis dicht auf das Werkstück reichen, damit sich keine Späne zwischensetzen können, oder man gibt soviel Spielraum, daß die Späne bequem abgehen können. Hierbei empfiehlt es sich, an der durch den Bügel reichenden Büchse die äußere Kante abzufasen.

Die konstruktive Durchbildung der Spannvorrichtungen und insbesondere die Wahl der geeignetsten Aufnahmeflächen ist von großer Bedeutung für die wirtschaftlichste Herstellung des Einzelteiles, denn hierdurch soll es ungelerntem Personal möglich sein, die Einzelteile schnell und richtig einzuspannen. Jedes Ausrichten, oder überhaupt jede umfangreichere Denkarbeit für den Arbeiter muß überflüssig werden.

Nachdem die Bohrung des Hebels in Stufe 7 fertig gerieben ist, erfolgt von jetzt ab die weitere Aufnahme des Hebels in der Spannvorrichtung immer von dieser Bohrung aus. **Man muß deshalb bei der Aufstellung der Arbeitsfolge immer danach streben, möglichst bald eine fertig bearbeitete Stelle zu erlangen, von welcher dann die weitere Bearbeitung des Teiles bis zur Fertigstellung aufgenommen wird.** Hierdurch werden die unvermeidlichen Bearbeitungsfehler auf das geringste Maß beschränkt.

Zum Bohren des Grundloches in Stufe 8 dient deshalb eine Vorrichtung, bei welcher der Hebel auf einem Dorn im Loche aufgenommen wird und die Bohrbüchse ist in ihrer Lage von diesem Aufnahmedorn aus bestimmt. Sonst gilt für diese Bohrlehre und auch für die zu Stufe 9 gehörige alles, was vorhin gesagt ist.

Auch die Spannvorrichtung für das Aufräumen der beiden Löcher in Stufe 10 und für das Stoßen des Schlitzes Stufe 11, sind ähnlich ausgebildet. Der Hebel wird in seiner Bohrung auf einem Dorn aufgenommen, eine Schlitzplatte ist an Stelle der Bohrbüchse und die Vorrichtung wird auf den Tisch der Stoßmaschine aufgeschraubt, so daß der Stoßstahl in der Schlitzplatte frei läuft. Die richtige Länge des auszustoßenden Schlitzes wird durch Einstellung des an der Maschine befindlichen Anschlages erreicht.

26 Das Tolerieren d. Einzelmaße f. d. Herstellung austauschbarer Einzelteile.

Auch die für die nächsten Stufen erforderlichen Spannvorrichtungen bieten gegenüber den vorhin besprochenen nichts Neues mehr. Die Aufnahme des Hebels findet stets von der Bohrung aus auf einem Dorn statt, wobei eine der in Stufe 2 gelehrten Fläche zur Anlage mit einem Bund oder Ansatz des Dorns kommen muß. Zum Anspannen dient eine Keil-Exzenteroder Schrauben-Druckanordnung.

In der anderen Ebene wird der Hebel durch zwei Anlageflächen, von denen die eine verstellbar sein muß, in seiner richtigen Lage begrenzt und durch Schrauben festgespannt.

In vielen Fällen ist es von Vorteil, die Vorrichtung so auszubilden, daß sie zwei gegenüber- oder unter einem Winkel von 90° liegende Fußplatten hat, man ist dann in der Lage Arbeitsgänge von beiden Seiten, oder die im Winkel von 90° zueinander liegen, vorzunehmen, ohne das Teil auszuspannen.

Das Gebiet der Spannvorrichtungen ist ein sehr ausgedehntes und deshalb nicht möglich, dasselbe auch nur annähernd erschöpfend hier zu behandeln. Wir werden aber noch Gelegenheit nehmen bei der Tolerierung einiger Einzelteile, verschiedene Spannvorrichtungen kennen zu lernen und deren besondere Merkmale hervorheben.

3. Das Tolerieren der Längenmaße.

Ein Rückblick auf das bisher Gesagte wird jetzt schon die Erklärung dafür geben können, daß man mit richtig durchgebildeten Hilfseinrichtungen und Grenzlehren, welche an Hand der vorhin besprochenen Toleranzzeichnungen bestimmt sind, recht leicht austauschbare Teile mit ungelernten Arbeitskräften herstellen kann.

Nach den bisher üblichen Werkstattzeichnungen mit Normalmaßen war dies nicht möglich, weil die Werkstatt diese Normalmaße nicht einhalten konnte und weiter keine Angabe hatte, wieweit das Normalmaß nach oben oder unten über- bzw. unterschritten werden konnte. Wir müssen deshalb den Normalmaßen ein Plusgrenzmaß und ein Minusgrenzmaß geben, d. h. wir fertigen für die Einzelteile Toleranzzeichnungen an.

Für den Konstrukteur tritt deshalb die Frage auf, in welchen Grenzen ist die Toleranz eines Normalmaßes zu halten.

Diese Frage ist nicht allgemein zu beantworten, wie bereits

hervorgehoben wurde. Wir zerlegen deshalb die Normalmaße in Durchmesser für Welle und Bohrung und in die Längenmaße für alle andern Ausdehnungen des Einzelteiles.

Für die Durchmesser der Bohrungen und Wellen kommen verschiedene Passungen in Frage: Preßsitz, fester Sitz, Schiebesitz und Laufsitz, und für diese Passungen sind die Toleranzen in der Tabelle 1 festgelegt und zwar nach dem System der normalen Bohrung. Da diese Toleranzen immer gleich bleiben, so wird es nicht erforderlich, dem Normalmaß der Zeichnung das betreffende Toleranzmaß einzuschreiben, sondern man kann für normale Bohrung die Bezeichnung n wählen und ebenso für Preßsitz $= p$, für festen Sitz $= f$, für Schiebesitz $= s$ und für Laufsitz $= l$ bzw. ll.

Aus der Toleranzzeichnung Abb. 2 für den Steuerhebel ist ersichtlich, daß außer den Maßen für die Bohrung auch noch alle die Längenmaße toleriert werden müssen, welche innerhalb gewisser Maßgrenzen zu halten sind. Hierfür lassen sich naturgemäß keine Tabellen aufstellen, sondern der Konstrukteur muß den Normalmaßen die entsprechende Toleranz geben, unter Berücksichtigung aller Verhältnisse, welche den Zusammenbau oder die Arbeitsweise des Einzelteiles beeinflussen können. Man kann das Tolerieren dieser Einzelmaße nur dann möglichst vollkommen beherrschen, wenn man eine gewisse Übung und Erfahrung darin hat.

In den folgenden Übungsbeispielen sind deshalb die Toleranzen dieser Längenmaße besonders behandelt und die Gesichtspunkte, welche diese Toleranz beeinflussen, eingehend besprochen. Bei Einzelteilen, welche mehrfach miteinander zusammenhängen, oder ineinander gleiten, wird es oft nicht möglich sein, die zweckmäßigste Toleranz auf den ersten Wurf zu ermitteln. In solchen Fällen muß der Konstrukteur Hand in Hand mit der Werkstatt arbeiten, wie dies so oft der Fall ist und wird dort auf Grund von Beobachtungen bald in der Lage sein, die zweckmäßigsten Toleranzen zu ermitteln.

In der beistehenden Abb. 5 ist eine im Gehäuse eingebaute Achse in allen erforderlichen Einzelmaßen zu tolerieren.

Aus der Abbildung ist ersichtlich, daß die Achse mit Bund im Gußgehäuse festsitzt, also Preßsitz hat; je nachdem die weitere

28 Das Tolerieren d. Einzelmaße f. d. Herstellung austauschbarer Einzelteile.

Anordnung ist, kann man vielleicht auch festen Sitz wählen, so daß die Achse durch Hammerschläge eingesetzt werden kann.

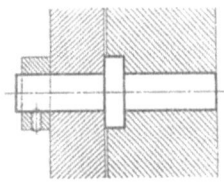

Abb. 5.

Die eine Seite der Achse soll mit dem Gehäuse abschneiden und der Bund an der anderen Seite soll 2 mm vorstehen. Die rechte Seite der Achse kann ohne Toleranz bleiben, da diese zur Aufnahme eines Zahnrades oder dgl. dient, welches durch einen Stellring in seiner Lage begrenzt ist.

Die Achse wird nach den Normalmaßen, die sich aus der Konstruktion ergeben, aufgezeichnet, wie in Abb. 6 ersichtlich. Das Gußgehäuse ist 200 mm breit, der Bund steht 2 mm vor, demnach ist die linke Seite der Achse 202 mm lang. Da unter allen

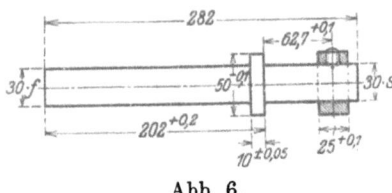

Abb. 6.

Umständen zu vermeiden ist, daß diese Seite kürzer als das Gußstück wird, so geben wir eine Plustoleranz von 0,2 also 202 + 0,2. Die Bundstärke ist 10 mm, wir geben ihr eine Toleranz von ± 0,05

da diese Breite selbst bei der ziemlich engen Toleranz von 0,05 leicht einzuhalten ist. Hiernach bleibt für das Gußstück von der Bundausdrehung gemessen $200 + 2 - 10 = 192$. Es fragt sich jetzt, welche Toleranz dieses Maß erhält; denn es ist nicht gleichgültig, ob die Tiefe der Ausdrehung eine Toleranz nach oben oder nach unten hat.

Wir gehen in diesem Falle von folgenden Gesichtspunkten aus. In erster Linie ist die Bedingung zu erfüllen, daß die Achse in keinem Falle kürzer als das Gußstück wird. Da die Länge des betreffenden Achsenendes bereits 202 + 0,2 festliegt, so müssen alle Maßunterschiede, die beim rohen Gußstück unvermeidlich sind, in die 2 mm vorstehende Bundstärke aufgenommen werden, denn dieser vorstehende Bund dient zur Anlage der Radnabe und soll verhüten, daß diese am Gußgehäuse schleift. Demnach muß die größte Breite der Gußausbohrung, von der Ausdrehung für den Bund gemessen, so lang sein als die kürzeste Achse von der Innenbundseite der Bunde aus gerechnet. Die Achse hat bis zur Außenbundseite das Grenzmaß 202 + 0,2 das kürzeste Maß ist demnach 202; hiervon geht noch die Bunddicke ab und zwar das Plusmaß 10,05, weil sich das vorhin gesuchte kürzeste Maß für das in Betracht kommende Achsende hierbei ergibt. Demnach bleibt für dieses Achsende das Maß 202 — 10,05 = 191,95 und dieses ist gleichzeitig das Plusmaß für die Länge der Bohrung im Gußgehäuse von der Ausdrehung für den Bund gemessen. Das Minusmaß wählt man schätzungsweise 0,2 — 0,3 kürzer, so daß die Länge der Bohrung zwischen 192 und 191,7 liegt oder in Toleranzmaß $192 - {}^{0,3}$ wird.

Wird dieses Maß in den genannten Maßgrenzen eingehalten so ist es ausgeschlossen, daß die vorhin tolerierte Achse im Gußgehäuse zurücksteht. Sie wird im ungünstigsten Falle, wenn also alle Grenzmaße ungünstig ausfallen, soeben mit dem Gehäuse abschneiden; in allen anderen Fällen aber vorstehen, was auch bezweckt wurde. Wir müssen deshalb beim Tolerieren der Längenmaße immer den erstrebten Zweck im Auge haben und hiernach die Toleranzen bemessen.

Die rechte Seite der Achse wird nicht toleriert, da das darauf sitzende Zahnrad durch einen Stellring festgehalten wird und das durch den Stellring ragende Ende beliebig lang ausfallen kann. Dieses nicht tolerierte Maß erhält die Toleranz von $+1-2\%$ des Längenmaßes. Es ist allerdings auch hierbei zu beachten, daß das Minusmaß des Achsenendes immer noch länger ist, als die größte Breite der Zahnradnabe und des Stellringes, damit letzterer auch im ungünstigsten Falle nicht darüber hinausragt; man wird deshalb die Achse zweckmäßig etwa 1—2 mm aus dem Stellring herausragen lassen.

In allen jenen Fällen, wo es erforderlich oder zweckmäßig ist, die Körnerschraube des Stellringes auf der Welle anzubohren, muß auch das Mittenmaß für diese Anbohrung innerhalb bestimmter Maßgrenzen liegen. Das Anbohren der Stellringschraube in der Werkstatt ist überall dort erforderlich, wo die Austauschbarkeit verlangt wird, und in solchen Fällen ist es dann nicht angängig, die Anbohrung der Körnerschraube bei der Montage vorzunehmen. Außerdem ist zu bedenken, daß für das Anbohren in der Werkstatt eine Bohrlehre benutzt werden kann, wodurch diese Arbeit nicht allein leicht und schnell, sondern auch sehr genau ausgeführt wird, während bei der Montage das Anbohren viel umständlicher und ungenau wird.

30 Das Tolerieren d. Einzelmaße f. d. Herstellung austauschbarer Einzelteile.

Für das Bestimmen des Grenzmaßes von Bund bis Mitte, Anbohrung sind nun wieder bestimmte Gesichtspunkte maßgebend, denn das Zahnrad soll in allen Fällen zwischen Bund und Stellung freilaufen, also immer einen gewissen Spielraum haben. Für die Bestimmung dieses Grenzmaßes wollen wir annehmen, daß die Radnabe $50 + {}^{0,1}$ breit ist, der Stellring $25 + {}^{0,1}$ und die Schraube symmetrisch sitzt, also von jeder Seitenfläche $\dfrac{25 + 0,1}{2} = 12,5 + {}^{0,05}$ entfernt ist.

Die Bedingung, daß auch im ungünstigsten Falle das Zahnrad sich zwischen Bund und Stellring leicht drehen lassen muß, zwingt uns, dem Minusmaß bis zur Anbohrung die Länge vom Plusmaß der Radnabe $= 50,1$ und dem Plusmaß der halben Stellringbreite $= 12,55$, zusammen $62,65$ zu geben. Da die Anbohrung in einer Bohrlehre erfolgt, so wird nur eine geringe Toleranz erforderlich, etwa $0,1$. Wir geben daher zweckmäßig dem Minusmaß von Bund bis Mitte Anbohrung $62,65$ noch einen Spielraum von $0,05$, so daß dies Maß dann $62,7$ wird und bei $0,1$ Toleranz $= 62,7 + {}^{0,1}$. Hierbei ist die Sicherheit gegeben, daß auch im ungünstigsten Falle das Zahnrad sich zwischen Bund und Stellring leicht drehen läßt. Der größte Spielraum wird sich beim Plusmaß für die Anbohrung $= 62,8$ und bei der niedrigsten Naben- und Stellringbreite ergeben zu $62,8 - (50 + 12,5) = 0,3$.

Zum Prüfen des Toleranzmaßes $62,7 + {}^{0,1}$ ist wieder eine Grenzlehre erforderlich, auf welche wir später bei der Besprechung der Lehren noch ausführlich zurückkommen.

Die Achse ist jetzt noch in bezug auf die Durchmesser zu tolerieren. Das Normalmaß der Bohrung im Gußgehäuse soll 30 sein oder nach der Tabelle in Toleranzmaß $= 30 \pm {}^{0,015}$. Der Achsendurchmesser für festen Sitz wird $30 {}^{+\,0,01}_{-\,0,005}$ gemäß den Toleranzangaben der Tabelle; der Bund erhält einen Durchmesser von $50 - {}^{0,1}$ und die Ausdrehung im Gehäuse $50,1 + {}^{0,1}$. Die Bohrung des Zahnrades wird wieder normal wie das Gußgehäuse $30 \pm {}^{0,015}$ und der Achsendurchmesser dazu für leichten Laufsitz $= 29,96 - {}^{0,03}$. Der Stellring soll mit Schiebesitz auf die Achse passen; da diese mit $29,96 - {}^{0,03}$ festgelegt ist, muß die Bohrung des Stellringes mindestens $29,97$ sein. Hierbei kann dann aber nicht mehr das Prinzip der normalen Bohrung eingehalten werden, wie dies beim Gußgehäuse und der Zahnradbohrung erfolgte. Es bleibt demnach in diesem Falle zu überlegen, ob man besser dem Stellring, der im Handel zu beziehen ist, die normale Bohrung $30 \pm 0{,}015$ gibt und die Welle hierzu für Schiebsitz $= 29{,}98 + 0{,}015$ fertigt, so daß dann das Zahnrad für leichten Laufsitz zu dieser Welle die anormale Bohrung von $30 + 0{,}02$ erhält. In jedem Falle muß zur Herstellung der genauen Bohrung eine anormale Reibbohle angefertigt werden, ob dies für die Radbohrung oder den Stellring günstiger ist, ergibt sich aus den jeweiligen näheren Verhältnissen.

Wir ersehen aus diesem Beispiel, daß die immerhin sehr einfache mechanische Anordnung der Abb. 5 schon recht vielseitige Überlegung beim Tolerieren erfordert; würde man einen der besprochenen Einzelfälle vernachlässigen, so tritt der hieraus entstehende Nachteil bei der Montage der Einzelteile zutage und der Facharbeiter muß ihn durch Handarbeit bei jedem Einzelteil beseitigen. Wir haben es dann aber nicht mehr mit austauschbaren Einzelteilen zu tun. Der größte Vorteil austauschbarer Einzelteile besteht demnach darin, alle zu vermeidende Handarbeit aus der Werkstatt herauszunehmen und ins technische Büro zu verlegen. Wenn auch hierdurch die Kosten für das technische Büro steigen, so werden diese doch mehrfach aufgewogen durch die Ersparnis an Löhnen in der Werkstatt oder durch größere Leistungsfähigkeit derselben. Man soll sich deshalb keineswegs dadurch abhalten lassen, die technischen Grundlagen zur Herstellung austauschbarer Einzelteile einzuführen, weil man die Kosten dafür scheut. Dies ist ein vollkommen falscher Standpunkt, denn es ist doch gleichgültig, wie sich die Herstellungskosten verteilen, ob durch höhere Gehälter und weniger Löhne oder umgekehrt. Ausschlaggebend ist allein, daß die Herstellungskosten geringer werden und dies ist bei der Herstellung und Verwendung austauschbarer Einzelteile stets der Fall, wie allgemein bekannt ist.

Wir ersehen hieraus, daß das Tolerieren der Einzelteile von größter Wichtigkeit ist und zwar um so mehr, als hiernach die zum Prüfen der Einzelteile erforderlichen Grenzlehren bestimmt werden, worauf wir später noch ausführlich zurückkommen. Wir wollen uns deshalb durch die Besprechung weiterer Übungsbeispiele eine gewisse Erfahrung im Tolerieren der Einzelteile aneignen.

32 Das Tolerieren d. Einzelmaße f. d. Herstellung austauschbarer Einzelteile.

In Abb. 7 ist ähnlich wie im vorigen Beispiel eine freitragende Achse dargestellt, auf welcher ein Zahnrad läuft, welches nicht, wie im vorigen Beispiel, durch einen Stellring, sondern durch eine vorgeschraubte Stoßscheibe gehalten wird.

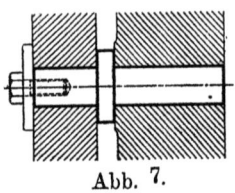

Abb. 7.

In diesem Falle muß das freitragende Achsenende ebenfalls toleriert werden, damit das Zahnrad auch im ungünstigsten Falle freiläuft.

Nehmen wir die Nabenbreite wieder zu $50 + 0{,}1$ an, so muß bei 0,1 freiem Spielraum das Minusmaß des Achsenendes $50{,}1 + 0{,}1 = 50{,}2$ sein. Bei einer Toleranz von 0,2 wird das Plusmaß 50,4 und demnach das Toleranzmaß für das Achsenende $50{,}3 \pm 0{,}\overline{1}$. Wir haben dann im ungünstigsten Grenzfalle, wenn das längste Achsenende 50,4 mit der kürzesten Nabe von 50 zusammentrifft, 0,4 Spielraum und im entgegengesetzten Grenzfalle $50{,}2 - 50{,}1 = 0{,}1$ Luft, so daß also in jedem Falle genügend Spielraum für den Freilauf des Zahnrades verbleibt. Der im Gußgehäuse sitzende Teil der Achse wird genau wie im vorigen Beispiel bestimmt. Nehmen wir das Gußgehäuse mit 200 mm an und geben eine Toleranz von $\pm 0{,}2$, so wird das Achsenende mindestens so lang sein müssen als das breiteste Gußgehäuse, also 200,2, und das Plusmaß wird dann bei einer Toleranz von $\pm 0{,}1 = 200{,}3$ oder $200{,}2 \pm 0{,}1$ sein.

Es fragt sich jetzt noch, welche Rolle spielt die Bunddicke und wie ist diese zu tolerieren. Die einfache Überlegung sagt, daß ein Zahnrad auf der Achse möglichst genau in achsieller Richtung laufen muß, damit das eingreifende Rad in den Zahnkränzen nicht vorsteht. Diese Bedingung wird aber nur dann erfüllt, wenn die Bunddicke das dafür zulässige Maß erhält, also toleriert wird. Es ist zu bedenken, daß sich nicht nur die in der Bunddicke auftretenden Maßunterschiede an den Zahnkränzen zeigen werden, sondern auch alle andern z. B. in der Nabenbreite und in den einseitig oder beiderseitig vorstehenden Nabenlängen gegen die Kranzbreite.

Wir wollen annehmen, daß die Kranzbreite des Zahnrades $30 + 0{,}2$ beträgt, und nun untersuchen, um wieviel die Radkränze im ungünstigsten Falle versetzt sein werden, wenn das obere Gegenrad genau nach derselben Anordnung eingebaut ist, wie das untere. Nehmen wir ferner an, daß die Anlageflächen für die beiden Achsenbunde in einer Ebene liegen, da dieselben ja ohne umzuspannen abgedreht oder gehobelt werden können, so ergibt sich folgende Gesamttoleranz, wenn man z. B. beim unteren Zahnrade alle Plusmaße und beim oberen alle Minusmaße setzt: die Minusbunddicke = 9,95, die Minusnabenlänge = 50, zusammen 59,95, davon ab das Plusmaß der Kranzbreite 30,2, somit bleibt von der bearbeiteten Gußfläche bis zum Kranze 59,95 — 30,2 = 29,75.

Bei dem eingreifenden Zahnrade sind die Plusmaße für Nabenlänge = 50,1 und die Bunddicke = 10,05, zusammen 60,15 anzunehmen. Davon ab die Minuskranzbreite = 30, bleibt 30,15 von der bearbeiteten Gußfläche bis zum Zahnradkranze gegen 29,75 bei dem unteren Rade, so daß die Kränze um 0,4 versetzt sind. Dies ist wohl in jedem Falle als zulässig zu betrachten, aber wir ersehen hieraus, daß schon bei solchen geringen Toleranzen wie 0,05 für die Bunddicke, die Gesamttoleranz immerhin auf 0,4 bei der besprochenen Anordnung anwachsen kann.

Wenn es auch wohl als ausgeschlossen zu betrachten ist, daß bei dem einen Zahnrade alle Plustoleranzen und beim anderen gleichzeitig alle Minustoleranzen auftreten werden, so muß man bei der Kontrollrechnung doch immer damit rechnen, denn es können auch noch andere ungünstige Momente hinzukommen, die man vorher überhaupt nicht rechnerisch fassen kann, z. B. wenn die Bundanlagen am Gußstücke nicht genau in einer Ebene liegen, was durch Verspannen bei der Bearbeitung leicht vorkommen kann, oder die Ecken am Bunde nicht scharf angestochen sind, so daß die Bundfläche am Gußgehäuse nicht gut zur Anlage kommt und dgl. mehr.

Wir erkennen hieraus, daß die Bunddicke eine nicht unbedeutende Rolle spielt, wenn, wie im vorliegenden Falle, ein Zahnrad dadurch begrenzt wird; läuft dagegen eine Riemscheibe oder Kettenrad auf der Achse, so spielt die auftretende Gesamttoleranz keine Rolle und die Tolerierung der Bunddicke ist nicht erforderlich.

Nach den vorher gefundenen Einzelmaßen beträgt dann die Gesamtlänge der Achse $200,2 \pm 0,01$ für das im Gußgehäuse sitzende Ende, $10 \pm 0,05$ für die Bunddicke und $50,3 \pm 0,1$ für das freitragende Achsenende zusammen $260,5 + 0,25$

34 Das Tolerieren d. Einzelmaße f. d. Herstellung austauschbarer Einzelteile.

Die Toleranzzeichnung der Achse ist in Abb. 8 dargestellt. Wir erkennen hieraus, daß diese Achse in bezug auf die Herstellung in der Werkstatt dieselben Beachtungen bei der Arbeitsfolge erfordert, als in dem Beispiel der Abb. 1 bereits hervorgehoben wurde. Auch dort ergab sich das Gesamtmaß der Spindel aus drei tolerierten Einzelmaßen und die Arbeitsfolge mußte genau festgelegt werden, wenn man nicht Ausschuß erhalten wollte. Genau derselbe Fall liegt in Abb. 8 vor. Wird die Achse zuerst auf $260{,}5 \pm 0{,}25$ abgestochen und kommt man hierbei auf das noch zulässige Gesamtmaß 260,25, so wird das Stück Ausschuß, wenn das eine Ende 200,3 und das andere Ende 50,4 wird, weil dann für die Bunddicke nur noch $260{,}25 - (200{,}3 + 50{,}4) = 9{,}55$ bleibt, während das Minusmaß 9,95 sein muß. Da die Bunddicke aber eine bedeutende Rolle spielt, wie wir vorhin gefunden haben, so muß die hierfür angesetzte Toleranz unbedingt eingehalten werden und dies geschieht nur dann, wenn die Arbeitsstufenfolge festliegt. Bei dieser Achse liegt der Gedanke besonders nahe, zuerst auf ganze Länge abzustechen und dann die beiden Enden einzeln auf der Revolverbank anzudrehen, weil es bei der mit Preßsitz in das Gehäuse einzusetzenden Achse nicht unbedingt auf zentrisches Laufen der beiden Enden ankommt. Deshalb muß die Arbeitsfolge so festgelegt werden, daß zuerst das eine Ende auf $200{,}2 \pm 0{,}1$, dann die Bundesdicke auf $10 \pm 0{,}05$ und zuletzt das andere Ende von $50{,}3 \pm 0{,}1$ angedreht wird, damit sowohl die Gesamtlänge $260{,}5 \pm 0{,}25$ als auch die Einzelmaße innerhalb der gewählten Toleranz bleiben.

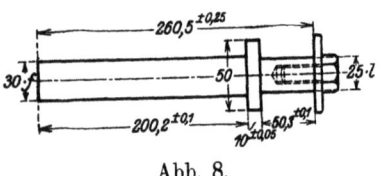

Abb. 8.

Die Toleranz der Achsendurchmesser ergeben sich wieder wie beim vorigen Beispiel aus der Toleranz-Tabelle. Die Bohrung im Gußgehäuse ist normal 30 oder $30 \pm 0{,}015$. Das Achsenende für das Gußgehäuse erhält festen Sitz, demnach $30 {}^{+\,0{,}01}_{-\,0{,}005}$ oder 30 f das Ende für das Zahnrad $24{,}98 - 0{,}015$ oder 25 l für Laufsitz, und der Bunddurchmesser erhält in diesem Falle keine Toleranz, kann also in die Grenzen von $\pm 1\%$ also $50 \pm 0{,}25$ ausfallen.

Das in Abb. 9 dargestellte Beispiel stellt eine Achse dar,

welche im Gußgehäuse mit Laufsitz läuft und einerseits ein festaufgekeiltes Zahnrad trägt. Da das andere Achsenende zur Aufnahme einer Riemscheibe oder dgl. dient, so ist außer den Durchmessern nur noch die Bunddicke zu tolerieren. Die Normalmaße für die Bohrungen betragen 30 bzw. 50 und 25 und die Bunddicke 10. Die Aussparung für den Bunddurchmesser wird demnach 50 n oder $50 \pm 0{,}02$ nach der Tabelle, ebenso die Bohrung im Gußgehäuse $30 \pm 0{,}015 = 30\ n$. Die Bohrung in der Platte erhält eine Toleranz von $+ 0{,}1$ also $25 + 0{,}1$ und im Zahnrad $25\ n = 25 \pm 0{,}015$. Das im Gußgehäuse laufende Achsenende wird $30\ l = 29{,}98\ -0{,}015$ der Bunddurchmesser $50\ ll = 49{,}9\ +0{,}04$ und das Achsenende zur Aufnahme des Zahnrades $25\ S = 24{,}98\ +0{,}015$.

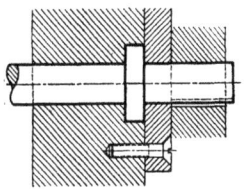

Abb. 9.

Die Bohrung der Platte weicht wieder, wie schon bei einem früheren Beispiel hervorgehoben wurde, von der normalen Bohrung ab, da der Wellendurchmesser von $25\ s$ in dieser Platte leichtlaufend sein muß. Dies ist besonders zu beachten und bei der Bestimmung der erforderlichen Grenzlehren keinesfalls zu übersehen.

Die Bunddicke beträgt normal 10, wird also bei der Achse wie früher zu $10 \pm 0{,}05$ toleriert. Im Gußgehäuse erhält die Aussparung dafür das Toleranzmaß $10{,}1 + 0{,}1$, so daß im ungünstigsten Grenzfalle ein Spielraum von 0,25 verbleibt, was als zulässig anzusehen ist, da durch das aufgekeilte Zahnrad dieser Spielraum wieder aufgehoben werden kann. Die Achsenlänge für das Zahnrad wird 75, wenn die Plattenstärke zu 25 und die Breite der Radnabe zu 45 angenommen wird, wobei dann die Achse um 5 mm vorsteht. Diese Achsenlänge wird nicht toleriert.

In Abb. 10 ist die tolerierte Achse dargestellt.

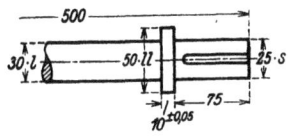

Abb. 10.

Das letzte Beispiel einer Achsenanordnung bringt Abb. 11, wo die im Gußgehäuse laufende Achse einerseits ein freilaufendes Zahnrad trägt, und am anderen Ende ein freilaufendes und ein festaufgekeiltes Zahn- oder Kettenrad.

Die in der Abbildung nicht eingetragenen Normalmaße betragen von rechts ausgehend: Nabenbreite des Zahnrades 50, Plattendicke 15, Bunddicke 10, Gußgehäusebreite 200 und die Kettenradbreite je 25. Wir tolerieren die Radnabe zu $50^{+0,1}$,

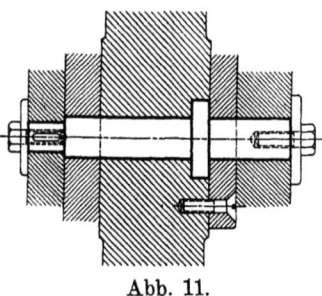

Abb. 11.

die Plattenstärke $15^{+0,1}$, somit wird das betreffende Achsenende $50,1 + 15,1$ und $0,1$ Zugabe für Spielraum $= 65,3$ Mindestmaß haben und bei einer Toleranz von $0,1$ wird das Toleranzmaß $65,3^{+0,1}$. Im ungünstigsten Falle ergibt sich hierbei ein Spielraum von $65,4 - (50 + 15) = 0,4$. Dieser Spielraum wird auf 3 Laufstellen verteilt, nämlich an der vorderen Stoßscheibe, an der äußeren und inneren Plattenseite und am Bund und der Spielraum kann demnach als zulässig betrachtet werden.

Die Bunddicke wird wieder zu $10 \pm 0,05$ toleriert und die Ausdrehung im Gehäuse $10,1^{+0,1}$. Die Stärke des Gußgehäuses an der bearbeiteten Stelle erhält eine Toleranz von $0,3$, wird also $200 \pm 0,15$.

Das an der anderen Gehäuseseite freilaufende Kettenrad wird auf $25^{-0,1}$ toleriert, ebenso das auf der Achse festsitzende Rad. Hiernach beträgt die Minuslänge des linksseitigen Achsenendes vom Bund bis zum Absatz $200,15 + 25 = 225,15$ und zwar einschließlich der Bunddicke. Diese Länge erhält zweckmäßig noch eine Zugabe für Spielraum von $0,1$ und ebenfalls $0,1$ Toleranz, so daß dann das Toleranzmaß $225,25^{+0,1}$ beträgt.

Der letzte Absatz der Achse darf nicht mehr als $25 - 0,1 = 24,9$ lang sein, damit das Rad durch die Schraube mit Scheibe in jedem Falle fest anzuziehen ist. Wir geben diesem Absatze eine Toleranz von $-0,1$ und halten ihn auch noch der Sicherheit wegen $0,1$ kürzer, so daß sein Toleranzmaß $24,8^{-0,1}$ beträgt

Aus diesen Einzelmaßen ergibt sich dann die Gesamtlänge der Achse $= 315,35^{+0,25}_{-0,15}$. Für den linken Achsenteil bis zum Absatze ergibt sich in den ungünstigsten Grenzfällen ein Spielraum von $225,35 - (199,85 + 24,9) = 0,6$ und $225,25 - (200,15 + 25) = 0,1$, was als zulässig zu betrachten ist. Hierzu würde dann noch derjenige Spielraum kommen, welchen der Bund in der Ausdrehung des Gußgehäuses im ungünstigsten Falle haben kann.

Nachdem die Achse noch in ihren Durchmessern toleriert ist und zwar für das rechte Ende 25 l, für den Bund 50 ll, für das linke Ende am Bunde 30 l und für den Absatz 20 s, sind sämtliche zur Anfertigung erforderlichen Maße bis auf den Nut und die Schraubenbohrung festgelegt und in der Toleranzzeichnung in Abb. 12 dargestellt.

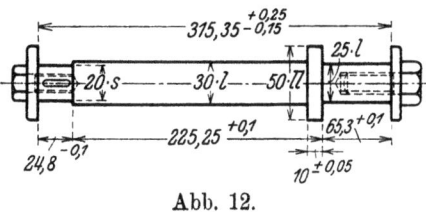

Abb. 12.

4. Die wirtschaftlichste und zweckmäßigste Toleranz der Einzelmaße.

Aus den in Abb. 1 bis 12 dargestellten Beispielen haben wir die Gesichtspunkte kennen gelernt, welche beim Tolerieren zu beachten sind, und wir fanden diese Gesichtspunkte begründet in der Anordnung und dem Zusammenhang der Einzelteile, insbesondere bei den besprochenen Achsen mit den darauf befindlichen Zahnrädern und Stellringen oder Stoßscheiben. Aus diesem Zusammenhang allein lassen sich wohl Toleranzen ermitteln, nach denen die Austauschbarkeit eines Teiles gewährleistet werden kann, aber es fragt sich dann immer noch, ob dies auch die günstigsten und zweckmäßigsten Toleranzen sind.

Wenn wir z. B. in Abb. 5/6 das zwischen Bund und Stellring laufende Zahnrad betrachten, so finden wir, daß dies Zahnrad ebenfalls austauschbar ist, wenn wir die Nabenbreite kürzer oder die Anbohrung des Stellringes länger halten. Hierdurch wird die Austauschbarkeit keinesfalls berührt, wohl aber vergrößert sich der Spielraum, den die Radnabe zwischen Bund und Stellring hat. Wir können auch den kleinsten Spielraum zwischen Bund und Stellring in Abb. 6 noch enger halten, als sich aus den gewählten Toleranzen für die Nabenbreite, die Anbohrung des Stellringes und die Stellringbreite in den betreffenden Grenzfällen ergibt. Auch hierdurch wird die Austauschbarkeit nicht berührt, wenn die kennengelernten Grundregeln beim Tolerieren beachtet werden.

Aus diesen beiden Gegenüberstellungen ergibt sich, daß wir

keine Gewißheit haben, ob die in den Beispielen gewählten Toleranzen auch die günstigsten und zweckmäßigsten sind. Dies bezieht sich natürlich nur auf die Toleranz der Längenmaße, denn für die Durchmesser liegen die Werte bekanntlich in der Tabelle fest und bleiben in allen Fällen unverändert.

Zur Bestimmung der zweckmäßigsten Toleranz eines Einzelteiles muß man daher noch wissen, welcher Art die betreffende Maschine ist und welchem Zweck sie dient. Wir werden den tolerierten Achsen und den zugehörigen Radnaben größere Toleranzen geben können, falls es sich um eine landwirtschaftliche Maschine handelt, z. B. um eine Getreide-Reinigungsmaschine, wo ganz ähnliche Anordnungen zu finden sind. Bei einer Werkzeugmaschine, einer Schnellpresse oder Setzmaschine und im Automobilmotorenbau sind die Toleranzen enger zu halten, und endlich in der Feinmechanik, im Telephonbau oder bei der Herstellung von Gewehr- und Maschinengewehrteilen, Nähmaschinen, Schreibmaschinen, Fahrräder und dgl. wird man noch kleinere Toleranzen für die zu tolerierenden Längenmaße wählen können, ebenso in der Herstellung von Meßgeräten, Uhren und dgl.

Die Toleranzen der Durchmesser bleiben aber in allen Fällen die gleichen; vielleicht nur in der Uhren-Industrie ist es angebracht, dieselben noch enger zu halten; ebenso wie auch gröbere Toleranzen für Durchmesser im Großmaschinenbau, bei der Herstellung von landwirtschaftlichen Maschinen, Transporteinrichtungen und dgl. in Vorbereitung sind, auf welche wir aber nicht näher eingehen können, da die Versuche hierüber noch nicht abgeschlossen sind.

Außer den vorhin genannten Sonderfällen wird es aber auch nicht ausbleiben, daß an und für sich gleiche Teile, die in verschiedenen Werken hergestellt werden, auch verschieden ausfallen, weil eine Werkstatt genauer als die andere arbeitet und dieser Umstand gleich bei der Tolerierung des Einzelteiles im technischen Bureau berücksichtigt wurde. Dies hat natürlich auf die Austauschbarkeit der Einzelteile ebenfalls keinen Einfluß, sondern allein die Qualität der Maschine wird hierdurch gekennzeichnet. Es ist deshalb beim Tolerieren der Einzelteile auch noch besonders im Auge zu halten, mit welchem Genauigkeitsgrade die betreffende Werkstatt arbeitet. Ein Betrieb, der landwirtschaftliche Maschinen baut, kann natürlich ebensogut tolerierte Ein-

Die wirtschaftlichste und zweckmäßigste Toleranz der Einzelteile. 39

zelteile nach Grenzlehren herstellen, als z. B. eine Armaturenfabrik oder eine Werkstatt für Feinmechanik. Gibt man aber dem erstgenannten Betrieb Teile anzufertigen, deren Grenzmaße nur in einer Armaturenfabrik einzuhalten sind, so muß außergegewöhnlich viel Ausschuß entstehen, weil der Betrieb nicht mit dem Genauigkeitsgrade arbeiten kann, der für das Einhalten der gewählten Toleranzen erforderlich war. Deshalb wird jeder Betrieb solche Teile am wirtschaftlichsten herstellen können, welche in den Toleranzen so gehalten sind, als dies dem Genauigkeitsgrade, mit welchem die Werkstatt arbeitet, entspricht.

Wenn wir das zuletzt Gesagte über die zweckmäßigste Toleranz kurz zusammenfassen, so finden wir, daß zur Ermittlung dieser wirtschaftlichsten Toleranz in erster Linie der Zusammenhang der Einzelteile in der Gesamtanordnung bekannt sein muß und ebenfalls der Genauigkeitsgrad, mit welchem die Werkstatt arbeitet. Hierbei wird vorauszusetzen sein, daß jede Werkstatt nur solche Einzelteile anfertigt, deren Toleranzen sie einzuhalten vermag. Wenn dann in verschiedenen Werkstätten, die gleiche Einzelteile anfertigen, die Toleranzen hierfür immer noch etwas verschieden ausfallen werden, so hat dies nur Einfluß auf die Qualität der Maschine oder des zugehörigen Einzelteiles, man wird aber in solchen Fällen auch die abweichende Tolerierung als richtig betrachten können, denn es war doch Absicht des einen Betriebes, Qualitätsware herzustellen, während der andere Betrieb nicht danach strebte.

In den besprochenen Beispielen hatten wir die den Einzelmaßen gegebene Toleranz zum Teil durch die dem Normalmaß beigefügte Bezeichnung n, f, s, l, und ll ausgedrückt, während den Längenmaßen der Toleranzwert beigeschrieben wurde. Wenn auch durch die abgekürzte Bezeichnung die einzuhaltende Toleranz vollständig bestimmt wird, so bleibt es doch zu überlegen, ob nicht durchweg allen tolerierten Einzelmaßen die gewählte Toleranz beizuschreiben ist. Die Toleranzzeichnungen sind in erster Linie dazu bestimmt, um die erforderlichen Grenzlehren zu entwerfen und anzufertigen und man muß deshalb in den Lehrzeichnungen die gewählten Toleranzwerte angeben, damit der Lehrenbauer diese Werte nicht erst der Tabelle zu entnehmen braucht, was leicht zu Irrtümern führen kann. Deshalb erscheint es richtiger, gleich in den Toleranzzeichnungen diese Werte anzugeben.

wodurch diese auch einheitlich und übersichtlich werden. Wenn dies in der Regel bisher nicht üblich war, so scheint der Grund allein darin zu liegen, daß man bisher nur die Durchmesser für Bohrung und Welle tolerierte, den Längenmaßen dagegen keine Toleranz gab; wir haben in den besprochenen Beispielen aber gesehen, daß dann die Austauschbarkeit der Einzelteile nicht zu erreichen ist und der Zusammenbau der Maschine immer mehr oder weniger Paßarbeit erfordern muß. Diese unwesentliche Äußerlichkeit, bezüglich Angabe der Toleranzwerte, können natürlich nach Belieben ausgeführt werden, denn sie sind in beiden Fällen richtig und haben weiter keine Bedeutung für die Herstellung austauschbarer Einzelteile.

Noch eine andere ebenfalls verschieden ausgelegte persönliche Auffassung muß hier erwähnt werden.

Wenn wir bei einem Einzelteil mehrere tolerierte Längenmaße haben, so ist es oft nicht mehr zulässig, dem Gesamtlängenmaß die Summe der einzelnen Toleranzwerte als Gesamttoleranz zu geben, weil dieser Wert zu groß ausfallen würde. Wir hatten im Beispiel der Abb. 8 eine Achse, deren Gesamtlänge von $260{,}5 \pm 0{,}25$ aus den drei Einzelmaßen $200{,}2 \pm 0{,}1$, $10 \pm 0{,}05$ und $50{,}3 \pm 0{,}1$ besteht. Die Toleranz $\pm 0{,}25$ der ganzen Länge ist hier gleich der Summe der Einzeltoleranzen $\pm 0{,}1 \pm 0{,}05 \pm 0{,}1$ und wir hielten diese Gesamttoleranz noch als zulässig. Würden sich aber in einem anderen Falle noch mehr tolerierte Einzelmaße ergeben, so kann die Summe dieser Toleranzwerte leicht einen unzulässig hohen Wert erreichen. In solchen Fällen muß man eins der Einzelmaße weglassen und gibt dem Gesamtmaß eine Toleranz ohne die Summe der Einzeltoleranzen zu berücksichtigen. Natürlich wird stets zu überlegen sein, ob es zulässig ist, in dem wegzulassenden Einzelmaß die differierende Toleranz aufzunehmen; im Beispiel der Abb. 8 ist dies nicht angängig, da sämtliche Einzelmaße nur innerhalb der gewählten Grenzmaße liegen dürfen. Wir haben bei der in Abb. 1 dargestellten Spindel in den besprochenen Sonderfällen gesehen, daß bei einem nicht tolerierten Einzelmaß ganz erhebliche Maßunterschiede auftreten können; wir müssen deshalb in allen Fällen, wo die Einzelmaße innerhalb gewisser Toleranzen bleiben sollen, dem Gesamtmaß die Summe der Einzeltoleranzen geben; wird dieser Gesamtwert zu groß, so muß man in diesen Fällen die

Einzeltoleranzen kleiner halten. Ist es aber angängig, eins der Einzelmaße wegzulassen wie in Abb. 6 oder 9, so gibt man dem Gesamtmaß eine Toleranz ohne Berücksichtigung der Einzeltoleranzen und die differierende Toleranz wird dann in dem wegzulassenden Einzelmaß aufgenommen.

Von anderer Seite wird auch die Ansicht vertreten, daß die Gesamttoleranz nicht gleich der Summe der Einzeltoleranzen sein braucht, da man bei der Anfertigung des Einzelteiles wohl kaum die nur nach einer Seite gerichteten Einzeltoleranzen treffen wird.

Wenn auch diese Annahme richtig ist, so muß meiner Meinung nach die Toleranzzeichnung in erster Linie überhaupt nicht die Möglichkeit bieten, Ausschuß herzustellen. Die Zuhilfenahme etwaiger Zufälle ist meiner Meinung nach nicht zulässig, denn es ist wohl in solchen Fällen stets möglich, eins der Einzelmaße wegzulassen und dadurch die differierende Toleranz aufzunehmen, wodurch alle Unstimmigkeiten beseitigt werden.

5. Die scheinbaren Schwierigkeiten der technischen Vorarbeiten und der Werkstattfertigung.

Wenn wir auf alle im letzten Abschnitt näher besprochenen, zu beachtenden Zufälligkeiten, welche beim Tolerieren der Einzelteile auftreten können, zurückblicken, so scheint es im ersten Augenblick, als ob sich dem technischen Büro und der Werkstatt gewisse Schwierigkeiten bieten werden, welche nicht immer in der beabsichtigten Weise überwunden werden können.

Wir wollen deshalb diese scheinbaren Schwierigkeiten, die absichtlich vorhin recht ausführlich erörtert wurden, nochmals im Zusammenhang und im Vergleich mit dem erstrebten Nutzen betrachten und wir werden dann eine Erklärung für die in der Herstellung austauschbarer Einzelteile liegenden wirtschaftlichen Vorteile finden.

Die vorhin besprochenen Gesichtspunkte, welche beim Tolerieren der Einzelteile unbedingt zu beachten sind, erfordern allerdings eine technische Durcharbeitung der Einzelteile vor der Anfertigung, welche nur von selbständigen und klardenkenden Konstrukteuren mit weitgehender praktischer Erfahrung durchgeführt werden kann.

42 Das Tolerieren d. Einzelmaße f. d. Herstellung austauschbarer Einzelteile.

Wir legen in den Toleranzzeichnungen, den Arbeitslisten, Lehren und Spannvorrichtungen eine nicht zu unterschätzende geistige Arbeit fest, wie sie unter früheren Verhältnissen nur in wenigen technischen Büros zu finden war und deshalb wohl auch selten als Grundlage für die Herstellung austauschbarer Einzelteile diente. Dies ist auch hauptsächlich der Grund, daß man noch jetzt von vielen Seiten die Meinung vertreten findet, daß die Ermittlung der zweckmäßigsten und wirtschaftlichsten Toleranzen wohl selten gelingen wird und man sich nur mit Annäherungswerten begnügen muß, welche deshalb auch nur einen Teilerfolg bedeuten.

Diese Ansicht ist begründet in der früher angewandten Art der Tolerierung, welche sich meistens nur auf die Durchmesser von Welle und Bohrung bezog. Wir haben aber bei der Besprechung der Übungsbeispiele kennen gelernt, daß die Toleranz der Längenmaße mindestens ebenso notwendig ist, wenn wir austauschbare Einzelteile herstellen wollen. Wohl erfordert diese letztere Tolerierung weit mehr Überlegung und praktische Erfahrung, als das Ablesen der Toleranzwerte aus der Tabelle für die Durchmesser von Bohrung und Welle, und man wird auch in einzelnen Sonderfällen vielleicht nicht gleich auf den ersten Wurf die zweckmäßigste und wirtschaftlichste Toleranz ermitteln können, sondern ist gezwungen Hand in Hand mit der Werkstatt zu arbeiten und aus den gemachten Beobachtungen die gewählten Toleranzen zu korrigieren. Aber derartige Erscheinungen treten ja überall auf und wir finden wohl selten, daß die getroffenen Anordnungen nicht mehr verbessert werden können, jedenfalls darf man daraufhin nicht das ganze System der Herstellung nach Grenzlehren aufgeben und wieder zur Einzelarbeit zurückkehren.

Dann werden die erhöhten Kosten des technischen Büros vielfach einen Hinderungsgrund bilden, um der Herstellung austauschbarer Einzelteile das erforderliche Interesse zu bringen. Vielfach werden auch die Aufträge nicht derart spezialisiert sein, daß die wirtschaftlichste Herstellung in der vorhin besprochenen Weise sich lohnt. Dieser letztere Umstand kann allerdings Veranlassung geben, von den Grundsätzen wirtschaftlichster Fertigung zum Teil abzuweichen und mehr oder weniger Handarbeit bei der Montage der Einzelteile auszuführen. Es bleibt

Die scheinbaren Schwierigkeiten der technischen Vorarbeiten. 43

deshalb wohl eine der schwierigsten Fragen festzustellen, wann die wirtschaftlichste Herstellung derart lohnend ist, daß die entstehenden Unkosten für Grenzlehren und Hilfseinrichtungen zum mindesten aufgewogen werden. Dies ist natürlich eine reine Kalkulationsaufgabe, und man wird der Selbstkostenbestimmung viel mehr Sorgfalt entgegenbringen müssen, als dies in vielen Betrieben bisher der Fall war. Hierdurch wird gleichzeitig der nicht zu unterschätzende Vorteil erreicht, daß alle verlustbringenden Aufträge aufgedeckt und ausgeschieden werden können.

Man wird natürlich nicht immer scharf die Grenze ziehen können, bei welcher Anzahl anzufertigender Teile größte Arbeitsteilung mit allen Hilfseinrichtungen für die Massenherstellung in Anwendung kommen sollen; jedenfalls erhält man aber durch eine genaue Kalkulation einen ziemlich guten Überblick über die jeweiligen Verhältnisse und wird immer mit einer gewissen Sicherheit zu entscheiden vermögen, ob alle Hilfseinrichtungen für Massenherstellung oder ob mehr Serienbau in Frage kommen. Hierbei ist aber wohl zu beachten, daß bei Herstellung austauschbarer Einzelteile die Zahl der erforderlichen Grenzlehren in Massenherstellung, oder im Serienbau stets gleichbleiben wird; nur in der Arbeitsteilung und den hierzu erforderlichen Spannvorrichtungen, Bohrlehren u. dgl. wird man bei Massenherstellung weiter gehen können als im Serienbau, und dies ist dann eine reine Kalkulationsaufgabe, die sich aber oft sehr einfach gestalten kann, wenn die Anzahl der herzustellenden Teile 100 000 oder mehr beträgt, denn in solchen Fällen lohnen sich die teuersten und vielseitigsten Einrichtungen, und das Einzelteil wird am billigsten bei größtmöglichster Arbeitsteilung.

Die Spezialisierung der Einzelbetriebe wird deshalb zur Notwendigkeit, ehe man zur Herstellung austauschbarer Einzelteile übergehen kann, und deshalb sind die Arbeiten des Normalienausschusses der deutschen Industrie von um so größerem Werte, als hierdurch die Einzelarbeit in den einzelnen Fachverbänden der Industrie gefördert und Aufklärung und Anleitung zur wirtschaftlichsten Fertigung in weite Kreise getragen wird.

Nach den letzten Betrachtungen bedarf es wohl weiter keiner besonderen Erläuterung, daß die erhöhten Kosten des technischen Büros ein Hinderungsgrund für die wirtschaftlichste

Herstellung austauschbarer Einzelteile sein sollen. Wir hatten bereits hervorgehoben, daß durch die vollkommenste technische Durcharbeitung des Einzelteiles vor der Anfertigung viel geistige Arbeit aus der Werkstatt ins technische Büro verlegt wird; dies kann und muß sogar so weit gehen, daß die Arbeitskräfte der Werkstatt zum größten Teil aus ungelernten Leuten bestehen können. Die in den Toleranzzeichnungen, Arbeitslisten und den Entwürfen für die Hilfseinrichtungen festgelegte geistige Arbeit des technischen Büros legt wieder der Lehrenbau in den Grenzlehren, Spannvorrichtungen, Bohrlehren u. dgl. fest, so daß hierdurch die Werkstatt mit ihren ungelernten Arbeitskräften leicht in der Lage ist, hohe Qualitätsware herzustellen.

Es ist deshalb eine ganz natürliche Folge, wenn das technische Büro zur Leistung dieser geistigen Arbeitswerte mehr Kosten erfordert; diese Mehrkosten werden aber in allen Fällen mehrfach aufgehoben durch die Lohnersparnis in der Werkstatt, gute Ausnutzung der Werkzeugmaschine, Rohstoffersparnis und vor allen Dingen dadurch, daß man in der Lage ist, auch mit ungelernten Arbeitskräften Qualitätsware zu liefern. Dieser letztere Umstand wird besonders in der Übergangszeit nach dem Kriege voll zur Wirkung kommen, wo der geringe Stamm an Facharbeitern zur Lehren- und Werkzeuganfertigung nötig und der Betrieb daher mit ungelernten Arbeitskräften auskommen muß.

Die bedeutende Lohnersparnis in der Herstellung austauschbarer Einzelteile ist zum Teil dadurch begründet, daß man billigere Arbeitskräfte verwenden kann; der Hauptgrund liegt aber darin, daß alle Paß- und Handarbeit, die bei nicht austauschbaren Teilen an jedem einzelnen Stück ausgeführt werden müßte, überhaupt wegfällt; diese Arbeit ist einmal im technischen Büro und im Lehrenbau festgelegt; in der Werkstatt tritt sie nicht mehr in Erscheinung. Deshalb muß auch der irrigen Ansicht, die man besonders in Arbeiterkreisen findet, entgegengetreten werden, daß die Vorteile bei der Herstellung austauschbarer Einzelteile hauptsächlich in den billigen Löhnen zu suchen sind, welchen die ungelernten Arbeiter erhalten. Dies trifft nur zum geringen Teile zu, denn der Hauptvorteil liegt in der Vermeidung aller Paß- und Handarbeit, sofern sich diese maschinell ausführen läßt.

Die scheinbaren Schwierigkeiten der technischen Vorarbeiten. 45

Nach diesen ausführlichen Erörterungen, die wir aus ganz bestimmten Gründen zu bringen uns gezwungen sahen, soll noch kurz auf eine andere scheinbare Schwierigkeit bei der Herstellung austauschbarer Einzelteile eingegangen werden, obgleich wir auch diese schon kurz berührt haben.

Viele Betriebe, welche es bisher nur mit Einzelanfertigung zu tun hatten und deshalb zum größten Teil nur Hand- und Paßarbeit ausführten, wird es nicht gerade angenehm berühren, wenn sie jetzt nach Toleranzzeichnungen arbeiten sollen, in denen Grenzmaße von 100 stel und weniger angegeben sind. Man war bisher gewohnt, nur mit Zollstock und Taster zu messen, oder man arbeitete so lange nach, bis die Einzelteile zueinander paßten; deshalb werden die kleinen Maßdifferenzen von 100 stel wohl vielfach mit Kopfschütteln betrachtet werden. —

Wir müssen deshalb diesem Mißtrauen der kleineren und mittleren Betriebe, für welche dieses Lehrbuch in erster Linie bestimmt ist, ganz besonders entgegentreten, denn dieses Mißtrauen ist unbegründet. Wir müssen bedenken, daß die in der Toleranzzeichnung bestimmten Toleranzen von 100 stel für Feinpassungen und in der Feinmechanik und dem Lehrenbau sogar von 1000 stel mm, in der Werkstatt gar nicht zum Ausdruck kommen werden, denn diese Toleranzwerte werden ja im Lehrenbau gleich in den Lehren festgelegt; dem Arbeiter oder der Arbeiterin ist es aber ganz gleich, ob die Differenz zwischen Plus- und Minuslehre 1 oder $^2/_{100}$ beträgt, oder mehr denn die Maschine wird auf die einzuhaltende Toleranz eingestellt.

Für die Werkstatt, die austauschbare Teile mit ungelernten Arbeitern herstellt, hat die Toleranzzeichnung nur geringe Bedeutung, aber für den Lehrenbau ist sie unentbehrlich. Wenn man die Lehrenmaße nach den Toleranzzeichnungen bestimmt, worauf wir im nächsten Abschnitt noch ausführlich zu sprechen kommen, dann kann man in der Werkstatt sehr leicht mit ungelernten Leuten auch Maße von 10 tel und 100 stel einhalten, vorausgesetzt, daß die Hilfseinrichtungen, als Grenzlehren, Spannvorrichtungen und dergleichen richtig durchgebildet und leicht zu bedienen sind.

Ebenso wie man bisher nie in der Lage war, ein Normalmaß vollkommen genau herzustellen, sondern dasselbe einige 100 stel über oder unter dem Normalmaß ausfiel, so ist es

46 Das Tolerieren d. Einzelmaße f. d. Herstellung austauschbarer Einzelteile.

natürlich auch ebenso leicht, die Maßgrenzen einzuhalten, welche die Toleranzzeichnung vorschreibt und welche in den Grenzlehren festgelegt sind. Durch die vom Einrichter vorgenommene Einstellung der Werkzeugmaschine ist es jedermann möglich, das Einzelteil innerhalb dieser Maßgrenzen herzustellen, vorausgesetzt, daß diese Maßgrenzen dem Genauigkeitsgrad entsprechen, mit dem die Werkstatt arbeitet.

Die wirtschaftlichen Vorteile, welche die Herstellung austauschbarer Einzelteile bieten, sind in den Vereinigten Staaten Nordamerikas schon lange erkannt; bereits während der dortigen Tätigkeit des Verfassers im Jahre 1902, wurden die Einzelmaße der Teile toleriert und danach die Grenzlehren angefertigt. Obgleich der Amerikaner sonst wenig auf technische Durcharbeitung der Einzelteile gibt, so kann man die dortigen technischen Vorarbeiten für die Herstellung austauschbarer Einzelteile doch als vorbildlich betrachten. Die hierdurch erreichten Vorteile sind bekannt, es konnten vor dem Kriege Maschinen in Deutschland eingeführt werden, welche trotz der dortigen hohen Löhne billiger verkauft wurden als deutsche Fabrikate (Mähmaschinen, Spezialwerkzeugmaschinen). Dieser Umstand allein braucht aber noch kein zwingender Grund zu sein, die dortige Arbeitsweise auch in Deutschland einzuführen.

Wir haben in der Arbeitsweise, welche von den Staats-Werkstätten für die Herstellung von Kriegsbedarf eingeführt ist, den besten Beweis, daß die wirtschaftlichste Fertigung austauschbarer Einzelteile nur möglich ist, wenn die vorhin besprochenen technischen Grundlagen vorhanden sind und befolgt werden.

Wir brauchen auf die in den Staats-Werkstätten eingeführte Arbeitsweise nicht näher eingehen; sie deckt sich mit dem vorhin Gesagten fast vollständig. Diese Arbeitsweise ist aber auch von der deutschen Industrie, welche die Herstellung von Heeresgerät ausführt, zum größten Teile übernommen worden. Wir brauchen deshalb gar nicht auf Amerika zurückgreifen, wenn wir die Vorteile der Herstellung austauschbarer Einzelteile kennen lernen wollen; wir haben in den beispiellosen Leistungen unserer Kriegsindustrie, die selbst unter dem Mangel an Facharbeitern und Rohmaterialien nicht nur unsere eigenen Bedürfnisse an Waffen, Heeresgerät und dgl. versorgte, sondern auch noch erhebliche Lieferungen an unsere Bundesgenossen abgab, den besten Beweis für die hohe Wirtschaftlichkeit, welche in der Herstellung austauschbarer Einzelteile liegt. Hierin allein sind auch die Gründe zu suchen, welche die weiteste Verbreitung dieser Arbeitsweise, besonders in jenen kleinen und mittleren Betrieben, welche mit der Fertigung von Heeresgerät nichts zu tun hatten, geboten erscheinen lassen.

Wir hielten diese ausführliche Begründung über die Notwendigkeit und die wirtschaftlichen Vorteile der Herstellung austauschbarer Einzelteile für geboten, denn die hier gegebenen Grundlagen werden von jenen Betrieben, welche an der alten Arbeitsweise festkleben, und vielleicht auch von vielen während der Kriegszeit neu entstandenen Betrieben, bekämpft werden. —

6. Ermittlung der zweckmäßigsten Toleranzen an Übungsbeispielen.

Nachdem wir im vorigen Abschnitt, in den besprochenen Übungsbeispielen die wesentlichsten Gesichtspunkte kennen gelernt haben, welche die Toleranz der Einzelmaße beeinflussen können und ebenfalls auch Richtlinien für die zweckmäßigste und wirtschaftlichste Toleranz besprochen haben, werden wir in den folgenden Übungsbeispielen weitere beim Tolerieren zu beachtenden Einzelheiten kennen lernen, so daß hierdurch auch derjenige Leser sich eine gewisse Übung und Erfahrung aneignen kann, welcher bisher weniger Gelegenheit hatte, sich mit den praktischen Bearbeitungsmethoden zu beschäftigen.

In Abb. 13 ist die Lasche einer Gelenkverbindung dargestellt, deren Bohrungen 25 bzw. 18 mm betragen bei einer Mittenentfernung von 100 mm. Diese 3 Einzelmaße müssen toleriert werden, während die Laschenbreite und Dicke, sowie der Durchmesser am Auge die allgemeine Toleranz. von $\pm 1\%$ erhalten kann. Die beiden Bohrungen werden normal gehalten, so daß die Grenzmaße nach der Tabelle $25 \pm 0{,}015$ und $18 ^{+0,01}_{-0,015}$ betragen.

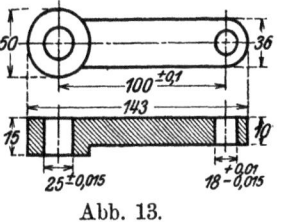

Abb. 13.

Diese beiden Grenzmaße werden demnach in allen Fällen gleich ausfallen und der Zusammenhang der Lasche mit den anschließenden Teilen ist ohne Einfluß auf die

48 Das Tolerieren d. Einzelmaße f. d. Herstellung austauschbarer Einzelteile.

Toleranz. Anders ist es bei den Längenmaßen, wie wir in den früheren Beispielen gesehen haben; als solches Längenmaß ist hier die Mittenentfernung von 100 mm anzusehen.

Die Toleranz dieses Maßes ist in erster Linie abhängig von dem Zusammenhang der Einzelteile untereinander und von der Aufgabe, welche diesen in der Gesamtanordnung zufällt.

Deshalb sind bei der Tolerierung alle in Betracht kommenden Fälle im Auge zu behalten; hierbei ist auch nicht außer acht zu lassen, daß zu klein festgelegte Toleranzen wohl immer austauschbare Einzelteile ergeben werden, wenn die Toleranzen unter sich das richtige Verhältnis haben, aber die Herstellung in der Werkstatt wird verteuert, weil es schwieriger ist, die Einzelteile in bestimmten engen Maßgrenzen herzustellen.

Da aus Abb. 13 nicht ersichtlich ist, zu welchem Zwecke die Lasche dient und wie die anschließenden Nebenteile darauf einwirken, so läßt sich hiernach die Toleranz der Mittenentfernung nicht bestimmen.

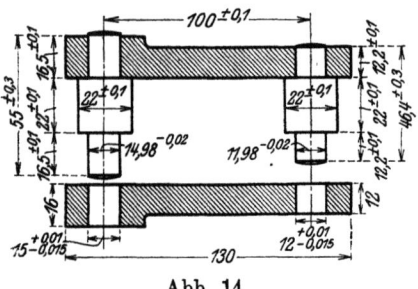

Abb. 14.

Diese fehlenden Angaben finden wir bei der in Abb. 14 dargestellten Lasche näher erläutert.

Wir sehen hier, daß zwei solcher Laschen durch Bolzen miteinander verbunden werden. Demnach ist die erste Bedingung, die Toleranz so zu bemessen, daß die Bolzen sich in die beiden Laschen einführen lassen. Die Toleranz der Bohrungen wird wieder wie in Abb. 13 nach der Tabelle bestimmt zu $15 {+0,01 \atop -0,015}$ und $12 {+0,01 \atop -0,015}$. Geben wir den Bolzenzapfen die für Schiebesitz erforderliche Toleranz nach der Tabelle, so muß die Lochentfernung eine sehr geringe Toleranz, vielleicht nur einige 1000 stel erhalten, wenn wir die vier Teile ohne Mühe zusammenstecken wollen. Derart genaue Ausführungen erschweren die Herstellung und sind auch für den Zweck der Laschenverbindung, die als Zwischenglied für eine Kraftübertragung gedacht ist, nicht erforderlich. Deshalb werden die Bolzenzapfen mindestens die Toleranz für Laufsitz erhalten können. Unter Umständen wird man dem Zapfen auch

Ermittlung der zweckmäßigsten Toleranzen an Übungsbeispielen. 49

sogar eine größere anormale Toleranz geben müssen, und zwar dann, wenn die Toleranz der Mittenentfernung größer gewählt wird. Auch ist hierbei zu beachten, daß die Bohrungen in den Laschen niemals genau rechtwinklig sein werden, ebenso kann die Toleranz der einen Lasche entgegen der anderen Lasche sein. Diese Ungenauigkeiten werden sich beim Zusammenstecken der vier Teile ganz besonders bemerkbar machen, wenn die Laschenstärke 16 mm beträgt, wie in besprochenem Beispiel. Bei dünner Blechstärke von 3—5 mm treten die genannten Herstellungsfehler weniger in Frage.

Wenn in einem andern Falle die Laschenverbindung ähnlich wie das Glied einer Galleschen Kette arbeitet, also über ein Zahnrad oder dergleichen läuft, so muß man die Mittenentfernung in engeren Toleranzen halten, weil die Teilung einer Galleschen Kette nicht wesentliche Abweichungen haben darf Auch wird hierbei wieder zu unterscheiden sein, ob es sich um eine Lastkette oder um eine schnell laufende Kette für einen Antrieb handelt.

Wir erkennen hieraus, daß die Ermittlung der zweckmäßigsten Toleranz für ein so einfaches aber sehr oft vorkommendes Maschinenelement wie die Laschenverbindung wieder Überlegung in ganz anderer Richtung erfordert, als wir in den früher besprochenen Beispielen haben kennen gelernt, und so werden sich bei jedem anderen Einzelteil andere Verhältnisse ergeben, die aber alle nach den hier allgemein aufgestellten Gesichtspunkten behandelt werden können.

In dem vorliegenden Beispiel der Abb. 14, wo es sich um eine Gelenkverbindung zur Übertragung einer Zug- und Drucklast handelt, wollen wir der Mittenentfernung die Toleranz $\pm 0,1$ geben und den Bolzenzapfen die Grenzmaße $14,98 - 0,02$ bzw. $11,98 - 0,02$.

Es empfiehlt sich dann, besonders für den Anfänger im Tolerieren, zeichnerisch die Kontrolle zu machen, ob sich die vier Einzelteile in den ungünstigsten Grenzfällen zusammenstecken lassen.

Man zeichne zu diesem Zweck die Lochumrisse der Laschen in großem Maßstabe, vielleicht 20:1 auf und, zwar unter den ungünstigsten Verhältnissen, d. h. die obere Lasche mit der größten Mittenentfernung, die untere mit der kleinsten, ebenso die kleinsten Bohrungen in den Laschen. Wenn sich in diese Lochumrisse die größten Zapfen in die obere sowie in die untere Lasche einzeichnen lassen, so hat man die Gewißheit, daß Austauschbarkeit der vier Einzelteile gewährleistet ist.

Wenn es sich um die Herstellung großer Mengen handelt, und vor allen Dingen, wenn es sich um die kleinste zulässige Toleranz handelt, dann sind derartige zeichnerischen Kontrollen in dem besprochenen und auch in ähnlichen Fällen immer zu empfehlen. Außerdem wird man vor Anfertigung der erforderlichen Grenzlehren auch stets einige in den äußersten Grenzmaßen gehaltenen Einzelteile anfertigen, um hieran festzustellen, ob die gewählte Toleranz die günstigste ist.

Da das Bohren der Löcher in Bohrlehren geschieht und die Löcher außerdem nachgerieben werden können, so läßt sich der Lochdurchmesser sowie auch die Mittenentfernung sehr leicht bis auf einige 100 stel einhalten. Ebenso werden die Löcher bei richtig und genau hergestellten Bohrlehren auch stets ziemgenau rechtwinklig zur Laschenfläche sein, so daß man in der Toleranz ziemlich weit heruntergehen kann, falls dies der Zweck der Einzelteile erfordert. Wir wählen für die Laschenverbindung die in Abb. 14 eingeschriebenen Toleranzen, bei welchen auch im ungünstigsten Grenzfalle, wenn die Mittenentfernung der einen Lasche das Plusgrenzmaß, die der anderen das Minusgrenzmaß hat, und die kleinsten Bohrungen mit den größten Bolzenzapfen zusammentreffen, Austauschbarkeit stattfindet, wie die zeichnerische Kontrolle ergeben hat.

Die Bohrungen der Lasche sind normal, wie dies immer der Fall sein wird; die Bolzenzapfen sind anormal und liegen zwischen Laufsitz und leichtem Laufsitz, und die Mittenentfernung hat die Toleranz $\pm 0{,}1$.

Die Bolzen sind außer im Zapfendurchmesser auch in allen anderen Einzelmaßen zu tolerieren, wie die Abb. 14 angibt. Hierbei ist wieder zu beachten, daß das Gesamtmaß in der Toleranz gleich der Summe der Einzeltoleranzen ist.

Das vorhin besprochene Beispiel stellt einen im Maschinenbau und besonders in der Feinmechanik sehr oft vorkommenden Fall dar; es bietet auch in der Bestimmung der Grenzlehren zum Messen der Lochentfernung noch weitere Gelegenheit zur Besprechung bei der späteren Behandlung der Grenzlehren.

Ermittlung der zweckmäßigsten Toleranzen an Übungsbeispielen. 51

Das in Abb. 15 dargestellte Beispiel behandelt zwei ineinandergreifende Zahnräder, deren Achsen in einem Gußgehäuse sitzen. Es sind zu tolerieren:
1. die Mittenentfernung der Zahnräder bei 40 bzw. 30 Zähnen und einer Teilung Modul 5.
2. die Kranzbreite und Nabenlänge der Zahnräder.
3. Durchmesser der Achsen und Bohrungen in den Rädern und im Gußgehäuse.

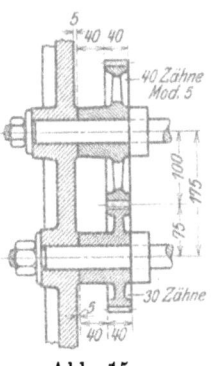

Abb. 15.

Das Tolerieren der Mittenentfernung zweier Zahnräder erfordert wieder Überlegung in ganz anderer Richtung.

Das theoretische Maß bei 40 bzw. 30 Zähnen und Teilung Modul 5 beträgt

$$5 \cdot \frac{40 + 30}{2} = 175,$$ und dieses Maß darf in keinem Falle unterschritten werden, damit die Teilkreise nicht ineinander laufen. Man wird richtig gefräste Zähne auch gar nicht zusammen bekommen, wenn man der theoretischen Mittenentfernung eine Minustoleranz gibt. Wie groß nun die Plustoleranz sein kann, hängt aber wieder von der Arbeitsweise der Räder ab. Handelt es sich um eine Kraftübertragung bei mäßiger Geschwindigkeit, so wird man mit dem Minusgrenzmaß gar nicht bis zur theoretischen Mittenentfernung herabgehen, sondern dasselbe einige 10 tel größer halten, ebenso muß man bei unbearbeiteten Zähnen berücksichtigen, daß nicht nur die Zahnstärke im Guß verschieden ausfällt, sondern die Zähne werden auch im Kopf- und Fußkreis niemals genau rund laufen und hierfür ist eine gewisse Zugabe in der theoretischen Mittenentfernung zu machen.

In anderen Fällen, wo gefräste Räder schnell laufen und vielleicht eine Umfangsgeschwindigkeit bis 4 m haben, wird man bestrebt sein, der Mittenentfernung eine kleine Toleranz zu geben und mit dem Minusgrenzmaß möglichst bis an das theoretische Maß herangehen.

In keinem Falle darf aber das theoretische Maß eine Minustoleranz erhalten, wie schon vorhin hervorgehoben wurde.

In dem zuerst genannten Falle, also bei langsam laufenden

Rädern, wird man das Mittenmaß zu $175{,}2^{+0,3}$ setzen; im letzteren Falle zu $175^{+0,2}$. Sind die Zähne roh, wie dies bei landwirtschaftlichen Maschinen der Fall ist, so kann das Mittenmaß wohl auch $175{,}5^{+0,3}$ betragen, da hier weder geräuchloser Gang noch sonst große Genauigkeit erzielt werden braucht.

Die Kranzbreite der Räder ist zu 40 berechnet; wir wählen vorerst eine Toleranz von $\pm 0{,}15$. Die Naben stehen einseitig vor, wählt man hier ebenfalls eine Toleranz von $\pm 0{,}15$, so wird das Toleranzmaß $80 \pm 0{,}15$.

Es bleibt jetzt zu untersuchen, um wieviel im ungünstigsten Falle die Radkränze außer der Fluchtlinie liegen, wenn die Gehäusenaben um $\pm 0{,}2$ außer der Ebene sind.

Gehäuse- und Radnabe haben zusammen eine Toleranz von $0{,}2 + 0{,}15 = 0{,}35$ und falls im eingreifenden Rad der entgegengesetzt ungünstigste Fall eintritt, beträgt der Überstand der Radkränze 0,7. Kommt hierzu noch die Toleranz der Kränze von je 0,15, so beträgt der größte Überstand schon 1 mm. Diese Gesamttoleranz ist aber für sauberen Maschinenbau viel zu groß; daher muß die Toleranz der Naben- und Kranzbreite geringer gewählt werden. Rechnen wir hierfür je $\pm 0{,}1$, so ergibt sich im ungünstigsten Falle ein Überstand von 0,6, und dies dürfte wohl zulässig sein, da alle ungünstigsten Toleranzen niemals gleichzeitig auftreten werden. Allerdings können noch andere ungünstige Fälle hinzukommen, die man vorher überhaupt nicht in Rechnung setzen kann, z. B. wenn das Gußgehäuse sich verzogen hat, sodaß die Nabenhöhe mehr als $\pm 0{,}2$ außer der Ebene zu liegen kommt. Es bleibt deshalb immer der allein richtige Weg, bei der Kontrolle die ungünstigsten Fälle in Betracht zu ziehen, und in diesen Fällen muß dann immer noch die beabsichtigte Passung erreicht werden.

Die Toleranzen der Bohrungen im Gußgehäuse werden wieder in bekannter Weise nach der Tabelle bestimmt. Das Toleranzmaß beträgt $40^{+0,015}_{-0,02}$, die Wellen dazu werden $39{,}99^{-0,015}$. Die Bohrungen der beiden freilaufenden Zahnräder werden anormal, da sie mit Laufsitz auf den Wellen sitzen, das Toleranzmaß beträgt $40^{+0,02}_{-0,01}$.

Bei der in Abb. 16 dargestellten Räderanordnung ist die untere Radwelle in einem Stehlager gelagert, dessen Lagerhöhe 50 mm beträgt. Die anderen Maße sind wie in Abb. 15 beibe-

Ermittlung der zweckmäßigsten Toleranzen an Übungsbeispielen. 53

halten. Die Mittenentfernung der Räder bleibt dieselbe und wird daher auch wie vorher bestimmt. An dem Gußgehäuse muß jetzt aber das Maß von Mitte oberer Achse bis zur unteren Lagersohle toleriert werden und ebenso die Lagerhöhe des Stehlagers, denn dieses sind Einzelmaße, von welchen die Mittenentfernung der Räder abhängig ist.

Das Maß von Mitte oberer Achse bis Lagersohle beträgt demnach $175 + 50 = 225$. Es fragt sich jetzt, wie die beiden Einzelmaße 225 von Mitte oberer Achse bis Lagersohle und das Maß 50 für die Lagerhöhe des Stehlagers zu tolerieren sind, damit das theoretische Maß für die Mittenentfernung der Räder innerhalb der beabsichtigten Toleranz bleibt. Zuerst ist dieses Toleranzmaß festzulegen zu $175,2 + 0,3$ unter der Annahme, daß es

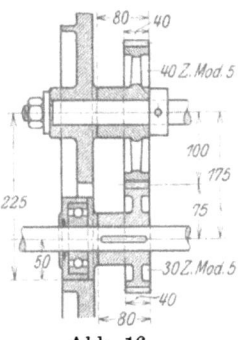

Abb. 16.

sich um gefräste Räder handelt, die bei mäßiger Geschwindigkeit laufen.

Es ist die Bedingung zu erfüllen, daß beim Minusmaß von Mitte oberer Achse bis Lagersohle des Gußgehäuses und dem Plusmaß für die Lagerhöhe des Stehlagers das Minusmaß der Mittenentfernung gleich 175,2 nicht unterschritten wird. Das Normalmaß von $175 + 50 = 225$ von Lagersohle bis Mitte oberer Welle wird demnach zunächst die 0,2 mm Zugabe erhalten, um welche die Teilkreise über das theoretische Maß voneinander sein dürfen, also 225,2, und dies ist gleichzeitig das Minusgrenzmaß der genannten Entfernung. Das Plusmaß erhält einen Teil der Toleranz von 0,3, mit welcher die Mittenentfernung der Räder toleriert wurde, und zwar geben wir dem Maß 225,2 am Gußgehäuse die Toleranz $+ 0,2$ und dem Maß für die Lagerhöhe des Stehlagers den Rest $= 0,1$, so daß das Maß im Gußgehäuse $225,2 + 0,2$ und beim Stehlager $50 - 0,1$ wird.

Dem Maß 225,2 wurde deshalb die größere Toleranz von 0,2 gegeben, weil es schwieriger ist, dasselbe beim Gußgehäuse in engen Grenzen zu halten, während dies bei der Lagerhöhe des Stehlagers einfacher ist.

Untersuchen, wir jetzt ob im ungünstigen Grenzfalle das Minusmaß der Mittenentfernung für die Räder $= 175,2$ nicht unter-

54 Das Tolerieren d. Einzelmaße f. d. Herstellung austauschbarer Einzelteile.

schritten wird. Der ungünstigste Fall ergibt sich, wie vorhin erwähnt wurde, wenn das Minusmaß von Lagersohle bis Mitte oberer Welle und das Plusmaß der Lagerhöhe des Stehlagers zusammentreffen. Das erstgenannte Minusmaß beträgt 225,2 und das Plusmaß der Lagerhöhe = 50, somit ergibt sich $225,2 - 50 = 175,2$ für das Minusmaß der Mittenentfernung, wie wir auch angenommen hatten.

Im entgegengesetzten Grenzfalle ist vom Plusmaß der betreffenden Entfernung des Gußgehäuses = 225,4 das Minusmaß der Lagerhöhe = 49,9 abzuziehen, und es bleibt dann für die Mittenentfernung 175,5, wie wir auch für das Plusmaß angenommen hatten.

Demnach bleibt die Mittenentfernung in allen Fällen innerhalb der Maßengrenzen $175,2 + {}^{0,3}$, wenn die Entfernung von Lagersohle bis Mitte oberer Welle $225,2 + {}^{0,2}$ und die Lagerhöhe des Stehlagers $50 - {}^{0,1}$ beträgt.

Wird in einem anderen Falle die Anordnung der Räder so getroffen, daß auch für die obere Welle ein besonderes Stehlager vorgesehen ist, so wird die Toleranz der Mittenentfernung, die dann auf drei Einzelmaße zu verteilen ist, vielfach nicht mehr ausreichen, um jedem Einzelmaß noch eine praktisch einzuhaltende Toleranz zu geben. Man wird dann die Stehlager nicht mehr beliebig austauschen können, sondern muß ein passendes Stehlager aussuchen, um das Toleranzmaß für die Mittenentfernung einzuhalten.

Wir fanden vorhin, daß die Toleranz, welche dem unteren Stehlager gegeben wurde, nur eine Minustoleranz sein durfte $= 50 - {}^{0,1}$. Wird aber in einem anderen Falle die Lageranordnung so getroffen, daß dasselbe nicht auf, sondern unter dem Lagerträger des Gußgehäuses geschraubt wird, so verteilt sich die Toleranz der Mittenentfernung wohl wieder auf beide Teilmaße, nämlich das Gehäuse und das Stehlager, jedes erhält eine Teiltoleranz, aber das Stehlager erhält dann eine Plustoleranz im Gegensatz zum vorigen Falle, wo dies Stehlager die Toleranz — 0,1 erhielt.

Legen wir die Maße des vorigen Beispiels für diesen Fall zugrunde, so wird das Plusmaß der Mittenentfernung = 175,5 bestehen aus den beiden Einzelmaßen, nämlich dem Plusmaß der Lagerhöhe = 50,1 und dem Plusmaß im Gußgehäuse von Mitte oberer Welle bis Unterkante der Lagersohle. Dieses letztere

Ermittlung der zweckmäßigsten Toleranzen an Übungsbeispielen. 55

Maß darf dann höchstens 175,5 — 50,1 = 125,4 sein. Im anderen Grenzfalle, bei der Minusmittenentfernung = 175,2 und dem Minuslagerhöhenmaß von 50, beträgt das Maß im Gußgehäuse 175,2 — 50 = 125,2. Demnach ergeben sich die beiden Toleranzmaße zu 125,2 $+$ 0,2 und 50 $+$ 0,1.

Wir ersehen hieraus, daß auch in diesem Falle die Toleranz der Mittenentfernung so zerlegt werden muß, daß die beiden Einzelmaße in ihren ungünstigsten Grenzfällen nicht über die entsprechende Toleranz des Gesamtmaßes hinausgehen. Zu beachten ist in allen Fällen, wie schon vorhin betont wurde, daß die Mittenentfernung niemals unter dem theoretischen Maß liegen darf. Wie hoch die Toleranz darüber hinaus sein kann, hängt von der Aufgabe ab, welche dem Getriebe gestellt ist, wie wir vorhin gesehen haben.

Beim Tolerieren der in Abb. 13 bis 15 dargestellten Beispiele fanden wir verschiedene zu beachtende Gesichtspunkte ganz anderer Art wie in den vorhin besprochenen Beispielen der Achsenanordnungen. Wenn auch das Tolerieren der Hauptmaße in allen Fällen nach denselben Grundregeln erfolgte, so war doch in jedem Falle besonders zu untersuchen, in welcher Weise die Toleranzen von den Nebenteilen abhängig waren, und diese Abhängigkeit war stets verschieden je nach der Aufgabe, welche dem Einzelteil in der Gesamtanordnung zufiel.

Wir fanden bei der Laschenverbindung eine gewisse Abhängigkeit zwischen Bohrung, Zapfenstärke und Mittenentfernung der Löcher; bei den Zahnradanordnungen war die Toleranz der Mittenentfernung abhängig von der Aufgabe, welche dem Getriebe gestellt wurde und außerdem mußte die Abhängigkeit, die sich aus der Lageranordnung ergab und auch in der Nabenlänge und Kranzbreite auftrat, jedesmal bei der Bestimmung der Toleranzen richtig bewertet werden.

Es ist leicht erklärlich, welche Handarbeit erforderlich wird, wenn Einzelteile, wie die besprochenen, ohne Toleranzmaße angefertigt werden. Nehmen wir bei dem Beispiel der Laschenverbindung an, daß auch nur einige 100 Stück anzufertigen sind. Wie wollte man eine annähernde Austauschbarkeit (Auswechselung) erreichen, wenn man nicht vor Anfertigung die Grenzmaße festlegte, innerhalb welcher die Einzelteile ausfallen dürfen. Die Kosten für die erforderlichen Grenzlehren und Spannvorrichtungen sind ganz unbedeutend gegenüber der ersparten Handarbeit, durch welche man übrigens den erstrebten Zweck doch nicht erreichen kann.

Auch bei den Räderanordnungen bietet das Tolerieren der erforderlichen Grenzfälle ebenfalls Vorteile, die sonst nie zu erreichen sind. Im allgemeinen Maschinenbau, im Werkzeugmaschinenbau und in der Herstellung von Spezialmaschinen werden immer ähnliche Anordnungen vorkommen, welche Serienweise hergestellt werden können, und bei welchen man die Länge der Radnaben, Kranzbreite, Lagerhöhe der Stehlager usw. innerhalb gewisser Grenzmaße halten muß. Ebenso wird auch die Mittenentfernung zweier Räder innerhalb einer bestimmten Toleranz bleiben müssen, so daß beim Zusammenbau nur geringe Nacharbeit nötig wird, und auch die Austauschbarkeit bei späterer Ersatzlieferung gesichert ist. Auch selbst bei der Bearbeitung der Einzelteile, z. B. der Stehlager, hat es der Arbeiter viel leichter, wenn er die Lagerhöhe, die Bohrungen und die Schraubenlöcher der Fußschrauben nach Bohrlehren herstellt und durch Grenzlehren prüfen kann, als wenn er, wie bisher üblich, aus den Normalmaßen der Zeichnungen seinen Taster oder Schieblehre einstellt und hiernach die Fertigmaße prüft.

Wir haben in den vorhin besprochenen Beispielen eine Reihe besonderer Einzelfälle ausführlich behandelt, und hierbei die Grundregeln kennen gelernt, die beim Tolerieren der Einzelteile zu beachten sind; in den folgenden Übungsbeispielen soll deshalb nur kurz angedeutet werden, welche Gesichtspunkte besonders behandelt werden müssen.

Bei der Nutenführung Abb. 17/18 sind mehrere in- oder aufeinanderpassende Flächen so zu tolerieren, daß sie leicht aufeinandergleiten. Wir haben die Breite der Nutenführung vom Normalmaß 13,6 in Abb. 17 und deren Höhe von 2,54, ebenso die untere Breite vom Normalmaß 11,1 zu tolerieren. Ein gleichzeitiges Passen dieser drei Flächen mit den betreffenden Nuten des Gegenstückes Abb. 18 ist nicht zu erreichen, deshalb muß zuvor entschieden werden, welche Flächen zweckmäßig aufeinandergleiten sollen, damit diesen die zweckmäßigste Toleranz gegeben werden kann.

Bei der dargestellten Nutenführung, deren Zweck und Arbeitsweise hier nicht näher erläutert werden soll, dient die obere

Ermittlung der zweckmäßigsten Toleranzen an Übungsbeispielen. 57

13,6 breite Fläche in Abb. 17 zur Druckaufnahme, demnach ist außer dieser Breite, die einen gewissen Spielraum hat, noch die Stärke des Nutes zu tolerieren. Bei der unteren Nutenbreite von 11,1 kann ein gewisser Spielraum bleiben. Wir geben dem Normalmaß von 2,54 in Abb. 17 die Toleranz $+$ 0,05. Im Unterteil Abb. 18 erhalten die betreffenden Nutenteile zuerst einen Spielraum von 0,04, damit die Teile leicht ineinandergleiten, und dann geben wir dem Maß von 2,5 eine Toleranz von $-$ 0,05. Ein Vergleich in den ungünstigsten Grenzfällen ergibt: 2,54 $-$ 2,5 $=$ 0,04 bis 2,59 $-$ 2,45 $=$ 0,14 Spielraum, wodurch die Austauschbarkeit gesichert ist.

Die anderen tolerierten Maße haben weniger den Zweck, eine bestimmte Passung zu erzielen, da zwei Passungen gleichzeitig nie zu erreichen sind; diese Maße müssen aber ebenfalls

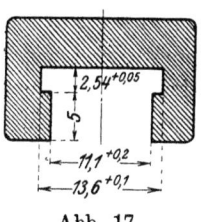
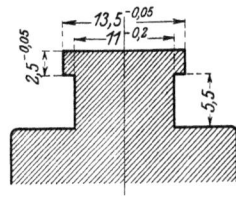

Abb. 17.   Abb. 18.

eine bestimmte Toleranz erhalten, damit die Sicherheit gegeben ist, daß die Einzelteile innerhalb gewisser Maßgrenzen bleiben, wodurch verhütet wird, daß z. B. die Nutenbreite von 11,1 in Abb. 17 kleiner ausfällt, als die entsprechende Breite in Abb. 18.

Diese Maße haben demnach alle einen gewissen Spielraum, und die Toleranz ist ziemlich groß bemessen. Die Nutenbreite im Unterteile Abb. 18 beträgt 13,5 bei einer Toleranz von $-$ 0,05, welche infolge der einfachen Bearbeitungsweise durch zwei Scheibenfräser leicht einzuhalten ist. Im Oberteil Abb. 17 erhält die betreffende Nutenbreite 0,1 Spielraum und dann noch eine Toleranz von $+$ 0,1.

Die Nutenführung vom Normalmaß 11 erhält in Abb. 18 die Toleranz $-$ 0,2 und in Abb. 17 einen Spielraum von 0,1 und die Toleranz $+$ 0,2.

Der Spielraum beträgt hiernach in den Grenzfällen 11,3 $-$ 10,8 $=$ 0,5 und 11,1 $-$ 11 $=$ 0,1.

58 Das Tolerieren d. Einzelmaße f. d. Herstellung austauschbarer Einzelteile.

In Abb. 19 ist eine Kammzapfenwelle mit dem dazugehörigen Lagerunterteil dargestellt. Um bei diesen beiden Teilen Austauschbarkeit zu erzielen, müssen die zu tolerierenden Maße alle von einer bestimmten Ausgangsfläche ausgehen. Diese Notwendigkeit wird bei vielen ähnlichen Teilen erforderlich sein und müßte vielmehr beachtet werden; man findet sehr oft die Maße recht planlos in den Zeichnungen eingeschrieben, während man immer bestrebt sein müßte, von gewissen Ausgangsflächen, in der Folge wie sie die Arbeitsliste angibt, auszugehen. Bei

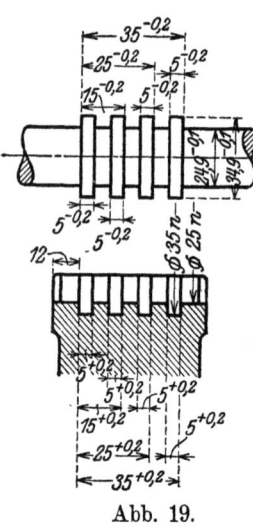

Abb. 19.

der in der Abb. 19 dargestellten Welle dient als Ausgangsfläche die Außenseite des ersten Bundes und beim Lagerunterteil die entsprechende Innenseite der Ausdrehung. Nur wenn sämtliche Einzelmaße für die Nuten und Bunde beim Lager wie bei der Welle von diesen Ausgangsflächen ausgehen, kann Austauschbarkeit erzielt werden.

Als Normalmaß ist für Bund und Rille 5 mm angenommen. Den Bunden wird die Toleranz — 0,2 und den Rillen oder Ausdrehungen die Toleranz + 0,2 gegeben.

Hierbei wird allerdings in den ungünstigsten Grenzfällen, wenn der stärkste Bund mit einer engsten Rille zusammentrifft, keine Austauschbarkeit erzielt; doch diese äußersten Grenzfälle treffen sehr selten zusammen, und dann wird man bei einer Welle und Lager lieber etwas Handarbeit für das Einschaben rechnen müssen, als daß man im entgegengesetzten Falle zuviel Luft läßt. Auch wird man bei derartigen Wellen, oder auch bei Frässpindeln und dgl. niemals eine derartige Genauigkeit erreichen, als dem Zweck der Maschine entspricht, wenn man Welle und Lager in jedem Falle austauschbar machen wollte. Bei einer Frässpindel oder dgl. ist Handarbeit für das Einschaben unvermeidlich, dies sind Einzelteile von hoher Genauigkeit, und absolute Austauschbarkeit kann hier nicht erstrebt werden. Anders verhält es sich, wenn man es mit einem kammzapfenartigen Verschluß zu tun hat, bei welchem das Mutterteil über die beider-

Ermittlung der zweckmäßigsten Toleranzen an Übungsbeispielen. 59

seits abgeflachten Bunde der Welle geschoben und dann um 90° gedreht wird. Dann wird man auch bereits die normalen Maße für Bund und Rille abstufen, und ihnen einen bestimmten Spielraum geben, damit hierbei ein Nacharbeiten vermieden wird. Alle weiteren Einzelheiten sind aus Abb. 19 zu ersehen.

Recht verschiedenartige Ansichten sind über das Gewinde verbreitet, und die ständig verfolgten Bestrebungen, ein einheitliches Gewinde zu erreichen, scheinen jetzt soweit gediehen zu sein, daß man das S. J. und das Whitw. Gewinde allgemein anerkennen will. In Abb. 20 ist das Gewinde dargestellt und in den hauptsächlichsten Maßangaben erläutert. Als Toleranzmaße kommen in Betracht der äußere und der Kerndurchmesser, und zwar gibt man diesen beim Muttergewinde eine Plustoleranz, beim Zapfengewinde eine Minustoleranz. In welcher Größe diese Toleranzen zu bemessen sind, hängt in erster Linie von dem Genauigkeitsgrade ab, mit dem das Gewinde hergestellt wird.

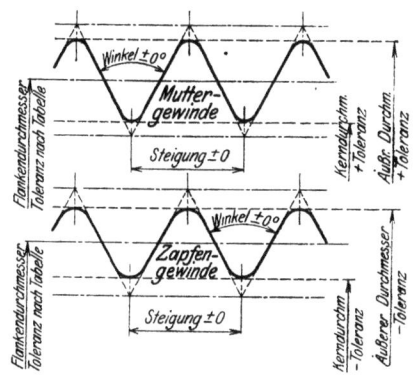

Abb. 20.

In allen Fällen ist aber auch die allgemeine Regel zu beachten, daß auch bei den ungünstigsten Grenzfällen zwischen Außen- und Kerndurchmesser beim Muttern- und Zapfengewinde noch Luft bleibt. Der hier verbleibende Spielraum hat keinen Einfluß auf das genaue Passen des Gewindes, weil die Tragflächen desselben stets die Flanken bilden sollen; beim S. 1 Gewinde gibt man daher im Kern und außen bereits einen gewissen Spielraum, damit das Material, welches in den Flanken zu viel ist, nach dorthin ausweichen kann. Den sonst noch in Betracht kommenden Maßen des Gewindes wird man durch Tolerierung nicht viel nützen können, weil die Austauschbarkeit doch schwer zu erreichen sein wird, die Herstellung eines möglichst genauen Gewindes ist eine Spezialarbeit, die nicht in jedem Betriebe ausgeführt werden kann; deshalb hat es auch wenig Zweck, die

60 Das Tolerieren d. Einzelmaße f. d. Herstellung austauschbarer Einzelteile.

Steigung, den Flankenwinkel und Flankendurchmesser beim Gewinde zu tolerieren, weil man zum Nachprüfen dieser Größen doch keine geeigneten Meßapparate besitzt. Der einzige richtige Weg zum Prüfen des Gewindes, der meiner Meinung nach auch vollständig ausreichend ist, besteht darin, daß Mutter- und Bolzengewinde durch Gewindekaliber bzw. Lehrmutter zu prüfen. Diese Lehrgeräte sollte man nur von Spezialfabriken beziehen, so daß die volle Sicherheit für genaues Passen gegeben ist. Sollte es in einzelnen Fällen erforderlich werden, auch den Flankendurchmesser zu tolerieren, so findet man hierfür die Toleranzen in Tabellen, nach denen auch die Flanken-Mikrometer geeicht sind.

Wir werden bei der Besprechung der Grenzlehren uns mit dem Messen des Gewindes noch ausführlicher beschäftigen.

Im nächsten Beispiel Abb. 21 ist ein Gehäuseteil dargestellt, bei welchem verschiedene Bohrungen zu tolerieren sind. Wenn auch aus der Darstellung die weiteren zugehörigen Einzelteile nicht ersichtlich sind, und deshalb die Gesichtspunkte, nach denen die einzelnen Toleranzen gewählt wurden, nicht beurteilt werden können, so ist dies Beispiel doch sehr lehrreich für die spätere Lehrenbesprechung.

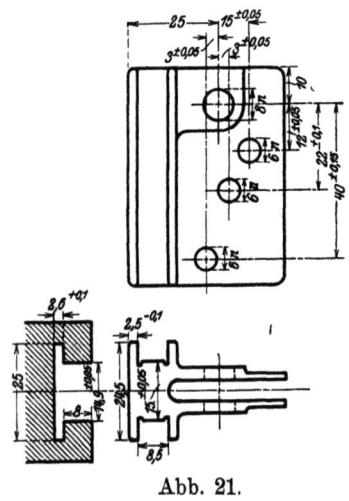

Abb. 21.

Das Tolerieren der Einzelmaße bietet hier keine Schwierigkeit und wird wohl auch meistens auf reiner Schätzung beruhen können, weil weder aufeinander gleitende noch ineinander passende Teile in Betracht kommen. Außerdem liegen die Toleranzwerte für die Bohrungen in der Tabelle fest und die Entfernung der Bohrungen untereinander kann in recht kleinen Maßgrenzen gehalten werden, weil diese bei Benutzung einer Bohrlehre leicht einzuhalten sind.

Weit schwieriger ist es dagegen festzustellen, ob die Lochentfernungen in senkrechter und wagerechter Richtung innerhalb der vorgeschriebenen Toleranz eingehalten sind. Wir werden

Ermittlung der zweckmäßigsten Toleranzen an Übungsbeispielen. 61

hierfür bei der Lehrenbesprechung besondere Meßapparate, die sogenannten Minimeter, kennen lernen.

Die Entfernungen der einzelnen Bohrungen müssen wieder wie in der Abb. 20 besprochenen Kammzapfenwelle von einem gemeinsamen Ausgangspunkte ausgehen. Als dieser Punkt ist in Abb. 21 die obere Bohrung anzusehen. Man kann in anderen Fällen auch ebensogut 2 Außenseiten wählen, wenn diese ähnlich ausgebildet sind, als die senkrechte Gleitfläche.

Bei der Aufstellung der Arbeitsliste ist deshalb immer zuerst danach zu trachten, daß eine dieser Aufnahmen bearbeitet wird, und daß bei den folgenden Bearbeitungen dann diese Fläche als Aufnahme dient. Die Bedeutung der Aufnahmeflächen ist bereits in dem Beispiel des Steuerhebels Abb. 2 u. 3 ausführlich besprochen worden.

Man wird deshalb im Beispiel Abb. 21 zuerst die Nutenfräsungen ausführen und dann das obere Loch bohren. Die anderen Löcher werden dann gebohrt und gerieben, indem man das obere Loch als Aufnahme benutzt.

In Abb. 22 ist eine Gleitvorrichtung dargestellt, deren Einzelteile aus zwei Laschen und einem mit zwei Zapfen versehenen Mittelteil besteht. Das ganze gleitet in einer Führung, wie aus der Abb. ersichtlich.

Hierbei ist in erster Linie wieder die Bedingung zu erfüllen, daß die beiden Laschen und das Mittelteil auch im ungünstigsten Falle nicht breiter werden, als das Minusgrenzmaß der Führung. Diese Bedingung ist bei jedem zusammengesetzten Toleranzmaß zu erfüllen, wie aus allen besprochenen Beispielen hervorging. Wir hatten diese Bedingung bei den zuerst besprochenen Achsen mit den Zahnrädern, dem Stellring oder der Stoßscheibe; beim Tolerieren der Mittenentfernung für die Zahnräder lag derselbe Fall vor, wo diese Mittenentfernung in mehrere Einzelmaße zerfiel, z. B. in die Entfernung beim Gußgehäuse und

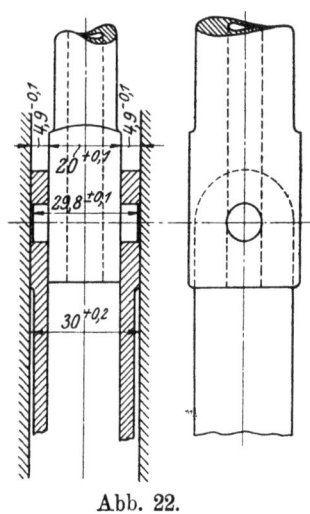

Abb. 22.

die Lagerhöhe des Stehlagers; auch bei der besprochenen Nutenführung mußte die Nutenhöhe mit der Leistendicke so toleriert werden, daß selbst im ungünstigsten Grenzfalle noch ein gewisser Spielraum blieb. Wie groß dieser Spielraum sein mußte, konnten wir meistens nur schätzen. Dies wird aber in der Regel immer der Fall sein, selbst wenn man die zusammenhängenden Einzelteile und die Arbeitsweise der ganzen Einrichtung näher kennt, wird man darin wohl immer nur gewisse Anhaltspunkte für die zweckmäßigste Toleranz finden. Wir haben schon früher betont, daß Einzelteile, die zu einer weniger präzise gebauten Maschine gehören, z. B. im landwirtschaftlichen Maschinenbau, immer größere Toleranzen haben können, als Teile für eine Werkzeugmaschine oder dergleichen. Wir können deshalb wohl aus dem Zusammenhang der Einzelteile und aus der ganzen Einrichtung einen gewissen Schluß auf die Größe der Toleranz ziehen, aber ohne ein gewisses Schätzen wird es auch dann nicht gehen; deshalb muß man sich durch Übung das richtige Augenmaß dazu aneignen.

Bei der in Abb. 22 dargestellten Gleitvorrichtung beträgt das lichte Maß 30 und hat eine Plustoleranz von 0,2. Dies wird in der Regel nur dann genügen, wenn die Seitenflächen geschliffen sind. Findet nur ein Fräsen dieser Seitenflächen statt, so wird man die Toleranz mindestens 0,3 halten müssen, damit die sich abnutzenden Fräser nicht allzu oft neu eingestellt werden müssen.

Das mittlere Teil über die Zapfen gemessen ist zu $29,8 \pm 0,1$ toleriert, so daß in den ungünstigsten Grenzfällen $30 - 29,9 = 0,1$ und $30,2 - 29,7 = 0,5$ Spielraum bleibt. Das Mittelstück selbst ist $20 + 0,1$ und die beiden seitlichen Laschen je $4,9 - 0,1$. Wir haben hiernach wieder einen freien Spielraum von $30 - (2 \cdot 4,9 + 20,1) = 0,1$ bis $30,2 - (2 \cdot 4,8 + 20) = 0,6$.

Die etwas reichlich scheinende Toleranz von 0,6 für das Mittelteil und die beiden Laschen ist gewählt worden, weil diese Teile gehärtet werden. Wenn auch die beiden Laschen nachträglich wieder geschliffen werden können, wofür noch besondere Zugabe zu machen ist, so läßt sich das beim Mittelteil nicht ausführen und demnach sind die gewählten Grenzmaße berechtigt.

Die in Abbildung 23 im Querschnitt dargestellte Kreuznutenführung, welche im Automobilbau fast ausschließlich Verwendung

Ermittlung der zweckmäßigsten Toleranzen an Übungsbeispielen. 63

findet, erfordert ganz besondere Sorgfalt in der Anfertigung. Die richtige Tolerierung der Einzelteile ist deshalb eine Hauptbedingung, um diese Teile austauschbar herstellen zu können. Da es sich hier meistens um Reserveteile handelt, die vom Lager entnommen werden, so ist die Austauschbarkeit ohne Nacharbeit unbedingt geboten. Besonders im schweren Lastwagenbau ist der Hauptantrieb (Kuppelung) und das Wendegetriebe mit derartigen Kreuznutenwellen versehen, welche im Einsatz gehärtet sind, so daß auch schon aus diesem Grunde jede Nacharbeit beim Auswechseln gebrochener Teile ausgeschlossen ist. Da beim Tolerieren der Einzelteile ganz besondere Gesichtspunkte zu beachten sind und ebenso bei der Bestimmung der Lehren, so ist eine ausführlichere Betrachtung dieses Beispiels geboten. —

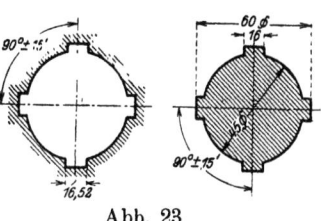

Abb. 23.

Bei den Kreuznuten der Bohrung sowohl als bei den Federnuten der Welle besteht die größte Schwierigkeit in der Herstellung der vier Nuten, so daß sie zueinander einen Winkel von 90° bilden. — Da das absolut genaue Einhalten dieses Winkels nicht möglich ist, so fragt es sich, welche Toleranz erhält der Winkel, so daß die Herstellung mit den üblichen Werkzeugmaschinen, also auf der Fräsmaschine mit Teilkopf ausgeführt werden kann, ohne daß erhebliche Nacharbeit von Hand nötig wird. Die Größe dieses Abweichungswinkels ist aber reine Erfahrungssache der Werkstatt und muß dem Konstrukteur von dort gegeben werden, oder er bestimmt sie selbst durch Nachmessen an hergestellten Einzelteilen; es wird also die Betriebstoleranz ermittelt. Alsdann sind die sich daraus ergebenden Folgen festzulegen, wie sie an folgendem Beispiel erläutert werden sollen.

Bei einer Nutenwelle von 60 mm Durchmesser und 16 mm Nutenbreite soll eine Winkelabweichung der vier Federnuten um je $\pm 15'$ von 90° zugelassen werden; wie ergeben sich hiernach die Nutenbreiten der Bohrung und der Federkeile bei der Welle. —

Es empfiehlt sich auch bei diesem Beispiele Nut- und Federkeil in großem Maßstabe etwa 20:1 aufzuzeichnen, wie in bei-

64 Das Tolerieren d. Einzelmaße f. d. Herstellung austauschbarer Einzelteile.

stehender Abb. 24 dargestellt. Die Mittenabweichung von 15′ ergibt sich im Maßstab 20:1 bei 60 mm Wellendurchmesser zu:

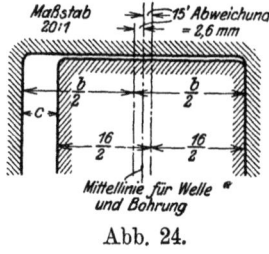

Abb. 24.

$$20 \cdot \frac{60 \cdot 3{,}14 \cdot 15}{360 \cdot 60} = 2{,}6 \text{ mm},$$

demnach wird Mitte Federnut um 2,6 mm von der senkrechten Mittellinie nach rechts abweichen wie in der Abbildung angenommen. Die Federbreite von 16 mm verteilt sich somit um

$$20 \cdot \frac{16}{2} + 2{,}6 = 162{,}6 \text{ bzw. } 20 \cdot \frac{16}{2} - 2{,}6 = 157{,}4$$

zu beiden Seiten der Mittellinie.

Nimmt man für den Nut der Bohrung eine entgegengesetzte Abweichung von 15′ von der Mittellinie an, so liegt Mitte Nut 2,6 mm links der Mittellinie wie die Abbildung zeigt. Die halbe Nutenbreite muß dennoch mindestens so groß sein, daß der Federkeil darin aufgenommen werden kann, also gleich $\frac{b}{2} = \frac{16}{2} + \frac{2 \cdot 2{,}6}{20} = 8{,}26$, dennoch wird die Nutenbreite $2 \cdot 8{,}26 = 16{,}52$ und der Spielraum C zwischen Nut und Feder $= 16{,}52 - 16 = 0{,}52$. Der Nut in der Bohrung muß deshalb im Normalmaß 16,52 breit werden, wenn bei einer Breite des Federkeiles der Welle von 16 mm eine Winkelabweichung von ± 15′ zwischen Nut und Feder zulässig ist. Aus dieser Betrachtung geht hervor, daß bei Kreuznuten die Breite derselben in Welle und Bohrung niemals gleich sein darf; je nach der Genauigkeit, mit welcher die Werkstatt unter Benutzung der vorhandenen Werkzeugmaschinen zu arbeiten vermag, ist die Nutenbreite der Bohrung breiter zu halten. Man wird dann den Nutenbreiten noch eine Toleranz geben, die schätzungsweise zu bestimmen ist, und zwar empfiehlt es sich, Nute und Feder eine Minustoleranz von 0,1 zu geben. Aus der Nutenbreite von 16,52 bei der Bohrung und 16 beim Federkeil darf man nicht etwa schließen, daß die Welle um den Spielraum von 0,52 mm sich innerhalb der Bohrung drehen kann; dies trifft keinesfalls zu, denn bei dem gegenüberliegenden Nut wird die entgegengesetzte Fläche von Feder und

Ermittlung der zweckmäßigsten Toleranzen an Übungsbeispielen. 65

Nut anliegen, so daß die Welle fest in der Bohrung sitzt. Die beiden andern Nuten werden allerdings nicht zur Anlage kommen, der Spielraum wird sich vielmehr zu beiden Seiten des Federnutes verteilen.

Wenn aber die Teile eine Zeitlang gearbeitet haben, so werden sich die vorhandenen Unebenheiten ausgleichen, so daß alle vier Nuten zur Anlage kommen, dann wird allerdings ein gewisser unvermeidlicher Spielraum vorhanden sein.

Wir haben bei den besprochenen Kreuznuten die ungünstigsten Fälle der Winkelabweichung zugrunde gelegt. Wenn auch diese Fälle nur ganz vereinzelt auftreten werden, so kommen doch immer noch eine Reihe anderer Ungenauigkeiten in Betracht, welche rechnerisch überhaupt nicht zu fassen sind. Wenn z. B. die Mittelebene des Fräsers nicht genau über Mitte Welle sitzt, was in mehr oder weniger größerem Maße immer stattfinden wird, da dies schwer zu kontrollieren ist; oder auch wenn der Fräser abgenutzt ist, oder die Welle nicht genau parallel der Frässpindel aufgespannt wird. Diese Ungenauigkeiten kommen zu der Winkelabweichung noch hinzu, so daß die Gesamtungenauigkeit wohl stets den oben gefundenen Wert erreichen wird, selbst wenn die Winkelabweichung kleiner ausfallen sollte. Bei der Herstellung derartiger Kreuznuten ist deshalb eine gewisse Paßarbeit von Hand nicht zu vermeiden und man legt diese Paßarbeit daher am besten in den Toleranzen fest, derart, daß der Nutenbreite in der Bohrung und im Federkeil eine Minustoleranz gegeben wird oder auch dem Federkeil eine Plustoleranz, je nachdem dies die Ausführung der Werkstatt zuläßt. Die vorherige Bestimmung dieser Toleranzen für die äußersten Grenzfälle ist hier nicht möglich, hier kann nur die Beobachtung in der Werkstatt und die als zulässig betrachtete Handarbeit zu einem brauchbaren Resultat führen. Die Bestimmung der Normalmaße für die Nutenbreiten muß dagegen stets in der vorhin besprochenen Weise erfolgen.

Dieses Beispiel brachte besonders beachtenswerte Merkmale in der Bestimmung der Normalmaße, über die Größe der Toleranzen ließen sich überhaupt im voraus keine bestimmten Angaben machen. Wir werden später bei der zugehörigen Lehrenbesprechung finden, daß auch die Bestimmung der Lehren für die Winkelabweichung der Nuten nach gewissen Grundsätzen erfolgen muß, welche wir bei den bisherigen besprochenen Beispielen noch nicht haben kennen gelernt.

Als letztes Beispiel für das Tolerieren der Einzelteile sind in Abb. 25 vier zu einandergehörige Kupplungsteile dargestellt, bestehend aus Welle a mit darauf verschiebbarem Kuppelungsring b nebst Keil d und Steuerbolzen c. In der Abb. ist dieser Kuppelungsring nebst Keil in Vorder- und Seitenansicht dargestellt.

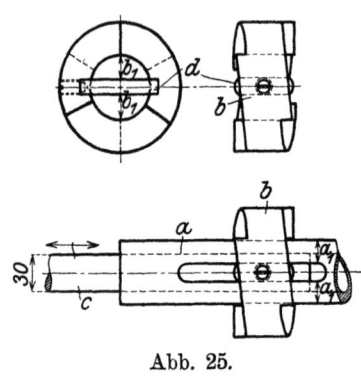

Abb. 25.

Dieser beiderseits mit Zähnen versehene Kuppelungsring b ist auf der hohlen Welle a verschiebbar und wird durch den Steuerbolzen c gesteuert. Die Verbindung zwischen Kuppelungsring b und dem Steuerbolzen c erfolgt durch den Keil d, welcher im Schlitz der Welle a gleitet.

Die vier Einzelteile sind in den Einzelabmessungen so zu tolerieren, daß die Teile auswechselbar sind.

An diesem Beispiel werden wir deutlich erkennen, wie durch das Tolerieren der Einzelmaße nicht nur die Austauschbarkeit erreicht wird, sondern die Herstellung selbst wird erst möglich, wenn die betreffenden Maße innerhalb bestimmter Maßgrenzen liegen. Um die Maßgrenzen einzuhalten, sind bestimmte Spannvorrichtungen erforderlich, welche gleich anschließend besprochen werden sollen. Ebenso sind zur Prüfung der festgelegten Toleranzmaße Grenzlehren nötig, auf welche wir im nächsten Abschnitt ausführlich zu sprechen kommen.

Die nach der Konstruktionszeichnung festliegenden Normalmaße betragen für die Welle 78 mm, für die Keildicke 14 mm und für die Stärke des Steuerbolzens 30 mm.

Auf der Welle befinden sich außer der Kuppelung noch Zahnräder, Laufbuchsen usw. mit verschiedener Passung; wir können deshalb beim Tolerieren der Welle nicht von der normalen Bohrung ausgehen, denn diese Teile gehören mehr in den Transmissionenbau, wo das System der normalen Welle mehr Vorteile bietet, wie bereits früher betont wurde. Wir geben des-

Ermittlung der zweckmäßigsten Toleranzen an Übungsbeispielen. 67

halb der Welle eine Toleranz von — 0,1, demnach wird das Toleranzmaß $78 - 0{,}1$.

Die Bohrung der Kuppelung muß in Mimusmaß mehr als 78 haben. Da die Passung in erster Linie durch den Keil aufgenommen werden soll, so kann die Kuppelung mindestens 0,1 Spielraum haben, sodaß demnach das Minußmas 78,1 beträgt. Wir geben diesem Maß die Toleranz + 0.2, sodaß die Bohrung der Kuppelung $78{,}1 + 0{,}2$ wird.

Die Keildicke vom Normalmaß 14 erhält ebenfalls eine Toleranz — 0,1. Für den Keilschlitz in der Welle ergibt sich hieraus ein Minusmaß 14,02 mindestens; wir geben diesem Maß die Toleranz + 0,2.

Hiermit sind die erforderlichen Grenzmaße festgelegt, alle anderen Maße erhalten keine Toleranz. Auch der Steuerbolzen erfordert weiter kein Toleranzmaß, da derselbe mit reichlich Spielraum in der hohlen Welle sich bewegen soll. Die Stärke desselben ist 30 mm und die Bohrung der Welle 30,2. Je nach dem Genauigkeitsgrade, mit welchem die Werkstatt zu arbeiten gewohnt ist, kann man natürlich den Steuerbolzen auch innerhalb bestimmter festgelegter Maßgrenzen halten, und zwar, ausgehend von der normalen Bohrung, ihn zu $29{,}95 - 0{,}05$ tolerieren, während dann die Bohrung der Welle $30 \pm 0{,}15$ wird. Auch der Schlitz im Steuerbolzen erfordert keine besondere Toleranz, sondern kann innerhalb der gewöhnlichen Maßgrenzen von 1% liegen. Das Normalmaß für den Bolzenschlitz wird zu 14,4 angesetzt und außerdem wird eine Mittenabweichung von ± 0,05 zugelassen, da es besonders darauf ankommt, daß der Schlitz Mitte Bolzen sitzt. Die Prüfung der Mittenabweichung geschieht durch eine besondere Lehre.

Werden die Teile in der vorhin angegebenen Weise toleriert, so ist die Sicherheit gegeben, daß sie austauschbar sind, und daß ihre Herstellung unter Benutzung der nötigen Spannvorrichtungen sehr einfach ist. Wir werden dies bei der Besprechung der Spannvorrichtungen noch näher kennen lernen.

Das Tolerieren der Einzelteile hat nicht die geringste Schwierigkeit gemacht. Es beruhte auf reiner Schätzung, natürlich unter Berücksichtigung aller Gesichtspunkte, welche von Einfluß auf die Toleranz sein konnten. Diese Einzelteile sind direkt der praktischen Ausführung entnommen und die Toleranzen haben sich dort als die zweckmäßigsten und wirtschaftlichen erwiesen. Wir werden diesen Beweis auch noch in anderer Weise bringen, möchten jedoch zuvor die Gesichtspunkte kurz besprechen, die zu den gewählten Toleranzen geführt haben.

Wir gaben der Welle die Toleranz $-0,1$, was bei gutem Maschinenbau leicht einzuhalten ist. Diese Toleranz ist anormal, bietet aber hier gewisse Vorteile, da noch Zahnräder, Laufbuchsen u. dgl. von verschiedener Passung auf der Welle sitzen.

Die Kuppelung erhielt einen Spielraum von 0,1 und eine Toleranz $+0,2$. Dies scheint reichlich groß, denn es gibt in den Grenzfällen einen Spielraum von $0,1:0,4$ zwischen Kuppelung und Welle. Dies wird aber dadurch begründet, daß die Kuppelung auf der Welle keine Passung haben soll. Die Passung wird in den Keil gelegt, weil dieser während des Arbeitens der Maschine die zu übertragende Umfangskraft allein aufnehmen muß, auch sind zwei Paßstellen bekanntlich nicht gleichzeitig zu erreichen.

Man könnte hieraus schließen, daß die Bohrung der Kuppelung dann überhaupt nicht zu tolerieren nötig wäre. In bezug auf eine zu erreichende Passung ist dies allerdings auch nicht nötig; würde aber die Bohrung beliebig ausfallen, so wäre die Kontrolle der Austauschbarkeit rechnerisch nicht zu prüfen, wie wir nachstehend finden werden.

Die Keildicke vom Normalmaß 14 erhielt eine Toleranz von $-0,1$. Da der gehärtete Keil auf der Flächenschleifmaschine geschliffen wird, so ist diese immerhin kleine Toleranz doch leicht einzuhalten.

Der Keilschlitz in der Welle, in welchem sich der vorhin genannte Keil leicht bewegen lassen muß, erhielt als Minusmaß 14,02 und eine Toleranz von $+0,2$; der Spielraum beträgt hiernach 0,02 bis 0,32. Diese größere Toleranz ist hier wieder berechtigt, weil der Schlitz auf der Fräsmaschine mit dem Fingerfräser fertiggestellt wird, wie später noch ausführlich besprochen wird. Will man daher kostspielige Räumarbeiten vermeiden, so muß man hier schon die Toleranz 0,2 zulassen.

Es bleibt jetzt noch die Toleranz für die beiden Nuten in der Kuppelung zu bestimmen. Der Keil soll hier mit Preßsitz, also mit der Presse, eingesetzt werden, und wir können deshalb die Toleranzen der Tabelle zugrunde legen. Die Keildicke war $14 - 0,1$ wir müssen mit dem Minusmaß als Plusmaß für den

Ermittlung der zweckmäßigsten Toleranzen an Übungsbeispielen. 69

Schlitz rechnen. Die Toleranz beträgt nach Reihe 3 für Preßsitz 15/1000stel, somit das Minusmaß des Keiles 13,885. Die Paßstellen an den beiden Keilenden werden auf der Flächenschleifmaschine besonders geschliffen. Die Nuten der Kuppelung haben als Plusmaß das Minusmaß des Keiles = 13,9 und als Minusmaß 4/100stel weniger, also beträgt das Toleranzmaß $13,9 - 0,04$. Dies sind ziemlich enge Toleranzen, aber wir sind bei der feinen Passung von Preßsitz daran gebunden. Ob diese Toleranzen von der betreffenden Werkstatt eingehalten werden können, hängt von dem Genauigkeitsgrade ab, mit welchem die Werkstatt arbeitet. Ist es der betreffenden Werkstatt nicht möglich, diese Toleranzen auf der Werkzeugmaschine einzuhalten, so muß man bis nahe an das Minusmaß die Nuten in der Kuppelung vorstoßen und den Keil dann von Hand einpassen.

Nachdem in dieser Weise die Einzelteile toleriert sind, bleibt noch zu untersuchen, ob auch die Hauptregel beim Tolerieren erfüllt ist, — nämlich daß in den ungünstigsten Grenzfällen die beabsichtigte Passung erreicht wird. Erst dann haben wir bei diesen immerhin eigenartig zusammenarbeitenden Einzelteilen die Gewißheit, daß dieselben auch austauschbar sind.

Bei der Welle von $78 - 0,1$ und der Kuppelung $78,1 + 0,2$, ferner beim Keil $14 - 0,1$ und dem Schlitz $14,02 + 0,2$ ist diese Bedingung erfüllt, denn die Minusmaße des einen Teiles sind größer als die Plusmaße des betreffenden zugehörigen Teiles. Es fragt sich jetzt aber, ob dies auch ebenfalls zutrifft, wenn alle vier Einzelteile zusammengebaut sind, denn in diesem Falle bleibt die Bedingung zu erfüllen, daß die Kuppelung auf der Welle leicht verschiebbar sein muß.

Dies läßt sich aber nicht ohne weiteres ersehen. Wir gehen deshalb bei dieser Untersuchung von folgenden Gesichtspunkten aus.

Nehmen wir einen Grenzfall für die Welle an, z. B. das Plusmaß 78 und hierzu den ungünstigsten Grenzfall für die Kuppelung, also das Minusmaß 78,1, so muß bei dem ungünstigsten Grenzfall des Wellenschlitzes = 14,02 oder 14,22 der stärkste bzw. schwächste Keil von 14 bzw. 13,9 so passen, daß sich die Kuppelung leicht verschieben läßt.

Dies wird erfüllt, wenn die beiden halbkreisförmigen Öffnungen b^1, die beim eingesetzten Keil in der Kuppelung entstehen

70 Das Tolerieren d. Einzelmaße f. d. Herstellung austauschbarer Einzelteile.

(Abb. 25), stets größer sind, als der Materialquerschnitt der Welle zu beiden Seiten des Keilloches (a^1 Abb. 25).

Wenn, wie oben, das Wellenplusmaß 78 beträgt, so wird der genannte Querschnitt am breitesten (in der Bogenhöhe gemessen) beim schmalsten Keilloch und beträgt $\frac{78 - 14{,}02}{2} =$ 31,99. Im anderen Grenzfalle wird dieser Querschnitt am schmalsten bei der dünnsten Welle $= 77{,}9$ und dem breitesten Keilloch $= 14{,}22$, also gleich $\frac{77{,}9 - 14{,}22}{2} = 31{,}84$. Jetzt ist die Bedingung zu erfüllen, daß die engste Öffnung zu jeder Seite des Keiles bei der Kuppelung (Abb. 25) größer sein muß, als der stärkste Querschnitt der Welle von 31,99.

Die engste Öffnung in der Kuppelung ergibt sich bei der Minusbohrung von 78,1 und dem stärksten Keil von 14 zu $\frac{78{,}1 - 14}{2} = 32{,}05$. Da der Wellenquerschnitt im Höchstfalle nur 31,99 war, so ist hiermit die gestellte Bedingung erfüllt, und es verbleibt noch ein Spielraum von $32{,}05 - 31{,}99 = 0{,}06$, was genügen dürfte.

Im anderen Grenzfalle ergibt sich die größte Öffnung zu beiden Seiten des Keiles in der Kuppelung, bei der Plusbohrung 78,3 und dem schmalsten Keil $= 13{,}9$ zu $\frac{78{,}3 - 13{,}9}{2} = 32{,}2$. Dies ergibt einen größten Spielraum beim kleinsten Wellenquerschnitt von 31,84 zu 0,36, was ebenfalls als zulässig betrachtet werden kann, da eine Passung zwischen Wellendurchmesser und Kuppelungsbohrung nicht beabsichtigt war.

Wir haben bei der Kuppelung und Welle nicht weiter berücksichtigt, daß auch noch eine gewisse Mittenabweichung im Wellenschlitz und in den Nuten der Kuppelung auftreten wird.

Wir werden aber finden, daß diese Mittenabweichung bereits in den gewählten Toleranzen festgelegt ist. Wenn z. B. bei der Welle der eine seitliche Querschnitt die vorhin ermittelte größte Bogenschnitt 31,99 hat, so kann die andere Seite 31,84 werden, gleich dem kleinsten Maß hierfür; das ist aber bereits eine Mittenabweichung von 0,15. Wir werden bei der späteren Lehrenbesprechung sehen, wie diese beiden Grenzwerte in der Plus- und Minuslehre festgelegt werden.

Ermittlung der zweckmäßigsten Toleranzen an Übungsbeispielen. 71

Es werden natürlich niemals diese äußersten Grenzwerte gleichzeitig auftreten, ebenso wie die beiden Seiten nie gleich ausfallen werden, als ohne Mittenabweichung. Beim Kuppelungsring trifft dasselbe zu; beide Seiten können zwischen 32,05 und 32,2 liegen, wobei ebenfalls eine Mittenabweichung von 0,15 einbegriffen ist. Fällt bei der Welle eine Seite stärker als das Höchstmaß aus, so kann nachgeholfen werden und der Fehler muß in der Spannvorrichtung oder dem Werkzeug berichtigt werden. Ebenso bei der Kuppelung, falls dort eine Öffnung kleiner als das kleinste zulässige Maß ausfällt. Wir haben eben in den Grenzlehren die Prüfgeräte, welche solche Fehler gleich aufdecken.

Beim Tolerieren dieser immerhin ziemlich vielseitigen Kuppelungsteile ist besonders deutlich hervorgetreten, daß die Austauschbarkeit nur zu erreichen ist, wenn die Toleranzen festliegen und hiernach gearbeitet wird. Wie wollte man z. B. bei der Welle feststellen, daß der seitlich des Schlitzes verbleibende Querschnitt in den Maßgrenzen 31,84 bis 31,99 liegen muß, wenn man nicht vorher Wellendurchmesser, Kuppelungsbohrung, Keildicke und Keilschlitz toleriert hatte. Ebenso konnte man nur auf Grund dieser Toleranzmaße die Maßgrenzen 32,05 bis 32,2 für die Öffnung seitlich des Keiles bei der Kuppelung bestimmen. Diese 4 Maße dienen außerdem noch zur Bestimmung der Lehren.

So schwierig, wie es ist, ohne diese Toleranzen die Einzelteile austauschbar herzustellen, dies ist sogar meiner Meinung nach unmöglich, so einfach wird die Herstellung, wenn man Grenzlehren hat, um die Grenzmaße nachzuprüfen und Spannvorrichtungen, um diese Maße bei der Bearbeitung einzuhalten.

Die Größe der gewählten Toleranz spielt auch hier in bezug auf die Austauschbarkeit keine Rolle, wie wir auch schon bei früheren Beispielen hervorgehoben haben; hierdurch wird allein der sich ergebende Spielraum beeinflußt. Soll in den Grenzfällen mehr oder weniger Spielraum erzielt werden, so müssen die Toleranzen größer oder kleiner gehalten werden. War der gehaltene Spielraum zu klein, was man vielleicht nicht immer vorher zu entscheiden vermag, so müssen die Toleranzen eben nach der ersten Anfertigung geändert werden. Daß man aber in einzelnen besonders schwierigen Fällen die zweckmäßigsten Toleranzen nicht vorher zu bestimmen vermag, ist kein Grund, diese Einzelteile nun überhaupt nicht zu tolerieren. Bei reiflicher Überlegung und einiger Übung wird man die richtigen Toleranzen immer wenigstens annähernd auch in den schwierigsten Fällen bestimmen können. Bei einfachen Fällen erfordert die Wahl der zweckmäßigsten Toleranzen aber gar keine Schwierigkeit; nur praktische Erfahrung in den wirtschaftlichsten Bearbeitungsmethoden und einige Übung im Tolerieren sind erforderlich, um die kennengelernten Gesichtspunkte und Grundregeln in allen Fällen richtig anzuwenden.

Nach dieser ausführlichen Besprechung des letzen Übungsbeispieles für das Tolerieren der Einzelteile sollen im nächsten Abschnitt die zur Herstellung der Kuppelung nebst Zubehör erforderlichen Spannvorrichtungen näher beschrieben werden und ebenso ein Spezialmeßgerät, mit welchem man in der Lage ist, eine besonders schwierige Messung auf sehr einfache Weise mit großer Genauigkeit auszuführen.

Nachdem die Kuppelungsteile in der vorhin besprochenen Weise toleriert sind, erfolgt die Aufstellung der Arbeitsstufen in einer Arbeitsliste, und das Entwerfen der Spannvorrichtungen und Grenzlehren.

Die Arbeitsliste wird wieder nach denselben Gesichtspunkten aufgestellt, die in der Besprechung bei Abb. 2 und 3 ausführlich behandelt wurden.

Für die Kuppelung wird diese Arbeitsliste wesentlich einfacher. Der roh geschmiedete Ring wird in der ersten Stufe in der Bohrung vorgedreht, und in Stufe 2 lehrenhaltig gedreht oder gerieben. In Stufe 3 wird der auf den Dorn gesteckte Ring oben übergedreht, in Stufe 4 und 5 seitlich abgeplant. Dann wird in Stufe 6 der allseitig bearbeitete Kuppelungsring in einer Spezialvorrichtung genutet und in Stufe 7 und 8 werden die beiderseitigen Kuppelungszähne eingehobelt, wozu wieder ein Spezialapparat benutzt wird. Die Zahnflanken werden dann in Stufe 9 und 10 noch besonders angefräst unter Benutzung eines Teilapparates, und in Stufe 11 werden diese Zahnflanken in bezug auf genaue Teilung und radiale Stellung nachgeprüft. Dann wird der fertige Kuppelungsring in Arbeitsstufe 12 gehärtet und die Bohrung in Stufe 13 geschliffen.

Die Anfertigung der Welle bietet nichts Neues und soll hier weiter nicht behandelt werden bis auf eine für die Herstellung des Schlitzes erforderliche Spannvorrichtung, auf die wir noch ausführlicher zurückkommen.

Wenn in dieser Weise die Herstellung der Kuppelungsteile erfolgt, so ist die Austauschbarkeit dieser immerhin recht vielseitig voneinander abhängigen Einzelteile gesichert.

7. Spannvorrichtungen, Bohrlehren und Hilfsapparate für wirtschaftlichste Fertigung.

Bei der im vorigen Abschnitt besprochenen Herstellung der einzelnen Kuppelungsteile wurde bereits erwähnt, daß dazu gewisse Spannvorrichtungen, Bohrlehren und sonstige Spezialapparate nötig sind, damit die Fertigung auch von ungelernten Arbeitskräften ausgeführt werden kann. Auch bei der Besprechung des in Abb. 2 dargestellten Steuerhebels wurden bereits einige für die Bearbeitung dieses Hebels nötigen Sondervorrichtungen und Bohrlehren erläutert und deren besondere Merkmale hervorgehoben. Wir möchten deshalb nachstehend nur noch einige Spannvorrichtungen und einen Spezialapparat beschreiben, welche für die lehrenhaltige Herstellung der im vorigen Abschnitt besprochenen Kuppelungsteile besondere Bedeutung haben.

Eine ausführliche und umfangreiche Behandlung der für Massenherstellung besonders durchgebildeten Sondervorrichtungen würde dem Zweck dieses Lehrbuches nicht entsprechen, sondern seinen Umfang nur vergrößern.

Im allgemeinen werden diese Sondereinrichtungen für Einzelteile im gewöhnlichen Maschinenbau immer ziemlich einfach ausfallen; anders dagegen in der Feinmechanik und im Waffenbau, wo man es oft mit sehr sinnreich durchgebildeten Einrichtungen zu tun hat, die sich im Laufe der Zeit sehr vollkommen entwickelt haben.

Die in Abb. 26 dargestellte Spannvorrichtung dient zur Herstellung des Wellenschlitzes für die Welle der in Abb. 25 dargestellten Kuppelungsteile.

Wir haben im vorigen Abschnitt beim Tolerieren dieser Einzelteile gefunden, daß der Wellenschlitz eine Mittenabweichung von $\pm 0{,}15$ haben darf. Diese Bedingung ist aber nur dann zu erfüllen, wenn die Anfertigung ganz unabhängig von der Geschicklichkeit des Arbeiters erfolgt. Wir werden den Wert der hierzu gehörigen Spann- und Bohrvorrichtung besonders erkennen, wenn man sich die Herstellung des Wellenschlitzes in einem kleinen Betriebe, welcher derartige Vorrichtungen nicht kennt, oder vielleicht sogar für überflüssig hält, vor Augen hält.

In einer solchen Werkstatt wird man in die Welle von beiden Seiten eine Anzahl Löcher bohren, und das stehengebliebene Material mit dem Kreuzmeisel auskreuzen und nachfeilen.

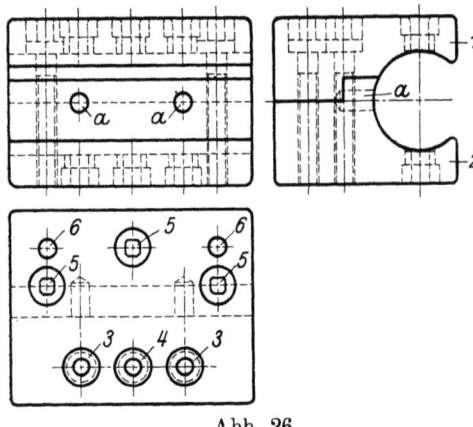

Abb. 26.

Man kann durch diese Arbeitsweise natürlich ebenfalls den Schlitz lehrenhaltig und innerhalb der vorgeschriebenen Mittenabweichung herstellen, wenn man die nötigen Grenzlehren hat, welche wieder nach den im vorigen Abschnitt festgelegten Toleranzmaßen bestimmt werden. Aber die Herstellung in dieser Weise ist so unwirtschaftlich, daß man wohl nur bei Einzelanfertigung derart arbeiten wird; wozu natürlich ein erstklassiger Facharbeiter gehört, denn die lehrhaltige Herstellung des Schlitzes kann nur durch stetes Nachfeilen und Kontrolle mit der Grenzlehre erreicht werden.

Bei mehrfacher Ausführung kommt aber die Benutzung einer Bohr- und Spannvorrichtung in allen Fällen in Frage, so daß die lehrenhaltige Herstellung des Schlitzes durch den ungelernten Arbeiter, welcher nur eine Bohr- und Fräsmaschine bedienen braucht, ausgeführt werden kann.

Die in Abb. 26 dargestellte Spannvorrichtung zum Bohren und Fräsen der Welle besteht aus einem Ober- und Unterteil (1 und 2), welche durch kräftige Schrauben (5) und Paßstifte (6) zusammengehalten werden. Ober- und Unterteil sind mit den Bohrbuchsen (3,3 und 4) versehen, von welchen die beiden äußeren um 0,5 mm größere Bohrung haben als das Plußmaß des Schlitzes beträgt, damit der Fräser freiläuft.

Die Welle wird in die Bohrung der Vorrichtung, welche nicht größer als das Minusmaß sein darf, eingespannt; wobei nur zu beachten ist, daß ein auf die Welle geschraubter Anschlagring an der Seitenfläche der Vorrichtung anliegt, damit der Schlitz in der bestimmten Entfernung vom Wellenende sitzt. Dann werden die drei Löcher von jeder Seite bis zur Hohlbohrung der Welle gebohrt; die Vorrichtung wird dann gelöst, die Welle um 90° gedreht und Welle mit Vorrichtung auf dem Tisch der Fräsmaschine befestigt, wo der Schlitz mit dem Fingerfräser ausgefräst wird.

Zum Ausfräsen des gegenüberliegenden Schlitzes wird die Welle in der Vorrichtung um 180° gedreht. Damit beim Drehen der Welle um 90° bzw. 180° immer die richtige neue Lage gefunden wird, dienen die in der Vorrichtung angebrachten Bohrungen „a, a". Das Festspannen der Welle erfolgt erst, wenn 2 durch die Löcher der Welle gesteckte Prüfdorne sich in die genannten Bohrungen „a, a" einführen lassen.

Wir erkennen aus dem Vorstehenden, in welch einfacher und unbedingt genauer Weise die Herstellung des Wellenschlitzes erfolgt, wenn eine geeignete Spannvorrichtung dazu vorhanden ist. Die Arbeit kann natürlich leicht durch ungelernte Arbeitskräfte ausgeführt werden.

Wir erkennen hieraus aber auch, wie unberechtigt der oft geäußerte Einwand ist, daß sich bei der geringen Zahl anzufertigender Teile eine teure Spannvorrichtung kaum lohnt. Schon bei Anfertigung von 10—15 Stück Wellen ist die beschriebene Vorrichtung durch Ersparnis an Arbeitslöhnen bezahlt; also Massenherstellung kommt hierbei gar nicht in Frage, sondern nur eine Fertigung, wie sie bei jeder Maschine, deren gewerbliche Verwertung festliegt, vorliegen wird.

Die Bohr- und Spannvorrichtung muß natürlich sehr genau hergestellt werden; insbesondere müssen die Bohrbuchsen genau gegenüber liegen und in der Mitte zur Wellenbohrung sitzen. Ebenso müssen die beiden Bohrungen „a, a" zur Aufnahme der Prüfdorne genau um 90° zu der Mittellinie der Bohrbuchsen sitzen. Bei Anfertigung der Vorrichtung muß die Bedingung erfüllt werden, daß die herzustellenden Teile innerhalb der Grenzmaße ausfallen, die in den Toleranzzeichnungen festgelegt sind.

Wir erkennen hieraus, daß die Toleranzzeichnung in erster

76 Das Tolerieren d. Einzelmaße f. d. Herstellung austauschbarer Einzelteile.

Linie zur Herstellung der Zeichnungen für die Spannvorrichtungen nötig ist.

Die Anfertigung dieser Hilfsgeräte kann nur in gut eingerichteten Werkstätten und durch erstklassige Facharbeiter erfolgen; also hierher gehören diejenigen Leute, die nach der bisherigen Arbeitsweise in der Werkstatt die Einzelanfertigung der Maschinenteile ausführten. Im Werkzeug- und Lehrenbau wird die in der Toleranzzeichnung und den Arbeitslisten festgelegte geistige Arbeit des technischen Büros in den Spannvorrichtungen und Grenzlehren festgelegt, so daß die Werkstatt kaum mehr Interesse für die auf 10tel und 100tel mm begrenzte Toleranz der Grenzmaße hat. Wir kommen deshalb in der Werkstatt sehr gut mit ungelernten Arbeitskräften aus, so daß die uns zur Verfügung stehenden Facharbeiter in erster Linie je nach ihrer Geschicklichkeit für den Werkzeug- und Lehrenbau in Frage kommen.

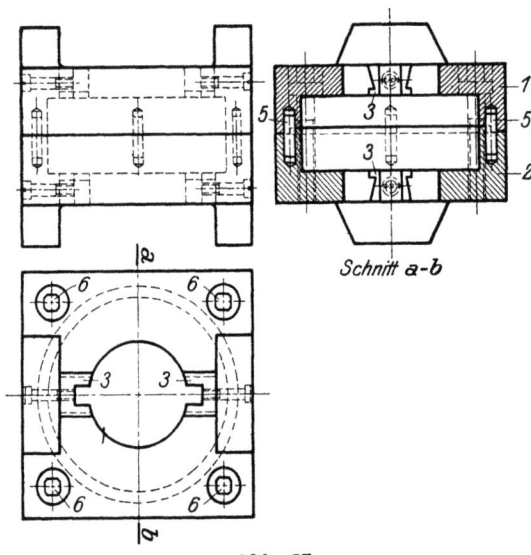

Abb. 27.

Zur Herstellung der Kuppelungsteile des im vorigen Abschnitt besprochenen Beispiels ist auch die in Abb. 27 dargestellte Spannvorrichtung erforderlich. Diese dient zum Nutzen des Kuppelungsringes (Abb. 25) für den zugehörigen Keil. Es ist erklärlich, daß die Austauschbarkeit dieser Einzelteile auf der

Spannvorrichtungen, Bohrlehren u. Hilfsapparate f. wirtsch. Fertigung.

Welle nur dann erreicht werden kann, wenn außer dem Schlitz in der Welle auch die auf der Welle sitzende Kuppelung nebst Keil innerhalb der festgelegten Toleranzmaße ausgeführt werden; dies ist aber nur mit einer geeigneten Spannvorrichtung in wirtschaftlichster Weise möglich.

Die Vorrichtung der Abb. 27 ist ebenfalls sehr einfach gehalten; Ober- und Unterteil (1 und 2) werden wieder durch Schrauben (6) und Paßstifte (5) verbunden; die innere Ausdrehung entspricht dem Plusmaß des Kupplungsringes. Die vier Nutenführungsstücke aus gehärtetem Stahl (3) sind im Ober- und Unterteil schwalbenschwanzartig eingesetzt und verschraubt. Die Vorrichtung wird mit der eingespannten Kuppelung in bekannter Weise auf der Stoßmaschine oder auch auf der Nutenziehmaschine befestigt, und zwar so, daß der Arbeitsstahl genau in der Nutenführung (3) läuft. Dieses Ausrichten ist sehr einfach und kann von jedem Arbeiter ausgeführt werden. Nachdem der eine Nut eingestoßen, wird die Vorrichtung mit Kuppelung um 180° gedreht, wieder in derselben Weise ausgerichtet und der gegenüberliegende Nut ausgestoßen.

Wir erkennen auch an dieser Vorrichtung, daß man das Einstoßen der beiden Nuten von jedem Arbeiter, der eine Stoßmaschine bedient hat, ausführen lassen kann. Im anderen Fall ohne Spannvorrichtung, wird es aber dem besten Facharbeiter recht große Mühe machen, die Kuppelung von Hand so zu nuten, daß die Öffnungen zu beiden Seiten des eingesetzten Keiles innerhalb der im vorigen Abschnitt festgelegten Toleranz bleibt. Man wird sich in solchen Fällen nur helfen können, indem man den einzupassenden Keil stärker läßt, und dann so lange an der Öffnungsfläche nachfeilt, bis die Minusgrenzlehre des Keiles hineingeht. An eine Austauschbarkeit des Keiles ist dann aber nicht zu denken; man kann wohl überhaupt sagen, daß die Austauschbarkeit nur möglich ist bei Benutzung geeigneter Spannvorrichtungen und Grenzlehren.

Mit diesen beiden besprochenen Spannvorrichtungen können die Kuppelungsteile nebst Welle lehrenhaltig und austauschbar hergestellt werden. Auf die Besprechung weiterer derartiger Spezialgeräte soll hier nicht näher eingegangen werden aus den vorhin angegebenen Gründen; auch scheint dies um so weniger notwendig, als derjenige Leser, welcher die beim Tolerieren zu

78 Das Tolerieren d. Einzelmaße f. d. Herstellung austauschbarer Einzelteile.

beachtenden Gesichtspunkte beherrscht, auch sicherlich die hierzu erforderlichen Spannvorrichtungen richtig bestimmen wird. Über Bohrlehren und deren besondere Merkmale in bezug auf die Aufnahmeflächen soll nochmals auf die bei Abb. 4 gebrachte ausführliche Besprechung hingewiesen werden.

Wir möchten hieran anschließend noch ein Meßgerät für den Kuppelungsring etwas ausführlicher besprechen, weil an diesem Apparat in ganz besonders lehrreicher Weise bewiesen werden kann, wie man durch geeignete Einrichtungen die schwierigste Messung auf einfache Weise und mit großer Genauigkeit feststellen kann.

Obgleich die Beschreibung dieses Meßapparates eigentlich in den folgenden Abschnitt, in das Gebiet der Lehren gehört, so scheint es uns zweckmäßiger bereits im Anschluß an die Spannvorrichtungen zur Herstellung der Kuppelungsteile auch diesen Meßapparat zu besprechen, denn er dient ebenfalls zur Herstellung der Kuppelung. In Abb. 28 ist dieser Zahnflankenmeßapparat dargestellt.

Bei der Besprechung der Arbeitsstufen wurde bereits erwähnt, daß in Stufe 7 und 8 die beiderseitigen Kuppelungszähne (s. Abb. 25) auf einem Spezialapparat ausgehobelt werden, so daß dann in Stufe 9 und 10 die Zahnflanken winklich und radial angefräst werden können. Wenn man auch das Anfräsen der Zahnflanken unser Benutzung eines Teilapparates ausführen wird, so kann hierdurch allein doch nicht die Genauigkeit erzielt werden, welche für die Dreiteilung der Zähne und die genau radial gerichtete Zahnflanke erforderlich wird. Diese Genauigkeit ist auf der Werkzeugmaschine nur schwer zu erreichen, denn der unvermeidliche tote Gang in den Support-Spindeln und ähnlichen Bewegungsmechanismen verursacht immer kleine Fehler. Diese Fehler müssen aber bei den Zahnflanken der besprochenen Kuppelung vermieden werden, wie sich auf Grund praktisch gewonnener Betriebsergebnisse an ausgeführten Maschinen ergeben hat. Eine ausführliche Begründung dieser Bedingung erfordert die Kenntnis des Arbeitsganges der Maschine, in welche die Kuppelung eingebaut ist; das würde jedoch zu weit führen, auch dem Zwecke dieses Lehrbuches wenig entsprechen. Es soll deshalb nur untersucht werden, in welcher Weise die Prüfung der Zahnflanken auf genau Dreiteilung und radiale Stellung erfolgt, und zwar unter der Annahme, daß die Dreiteilung eine Toleranz von $\pm$ 0,05 haben kann.

Spannvorrichtungen, Bohrlehren u. Hilfsapparate f. wirtsch. Fertigung. 79

Man wird ohne weiteres erkennen, daß das Einhalten einer so geringen Toleranz nur durch die Korrektur der Handarbeit möglich ist. Diese Korrektur ist aber nur dann auszuführen, wenn durch einen Meßapparat bestimmt wird, welche Zahnflanke der gestellten Bedingung nicht entspricht. Der Facharbeiter,

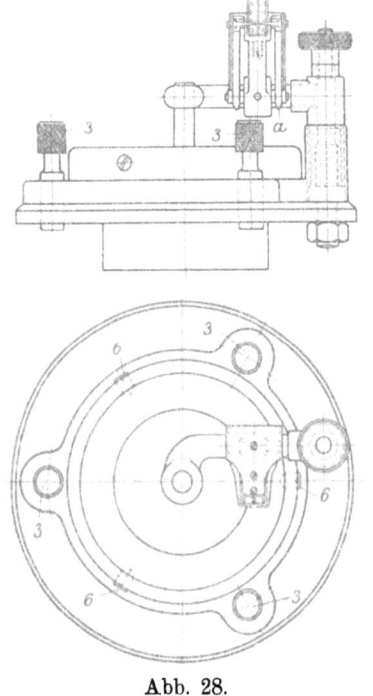

Abb. 28.

welcher die Zahnflanken nachschabt, muß wissen, welchen Zahn er nachschaben muß; er muß wissen, welche Zahnflanke nicht radial gerichtet ist, damit er die betreffende Seite nachschaben kann. Es handelt sich hierbei immer nur um Bruchteile von mm, so daß diese Ungenauigkeit mit Zirkel oder Taster nicht festzustellen ist.

Der in Abb. 28 dargestellte Zahnflankenmeßapparat besteht aus einem Ober- und Unterteil (1—2); letzteres ist zur Aufnahme der Naben für die beiden Seitenkuppelungen, welche mit dem besprochenen, auf der Welle verschiebbaren Kuppelungsring zusammen arbeiten, entsprechend ausgebildet.

Ober- und Unterteil der Meßvorrichtung werden durch die drei Kaliber (3) verbunden. Die Bohrungen für diese Kaliber sind in genauer Dreiteilung des Teilkreises angeordnet, so daß man das Oberteil auf dem Unterteil beliebig um 120° drehen kann und die Kaliber sich in jeder Stellung zwanglos einführen lassen.

Auf dem Unterteil (2) ist ein Zeiger-Apparat fest angebracht, bestehend aus Fühlhebeln (4) und den damit verbundenen Zeigerhebeln. Durch letztere läßt sich die Stellung der Nase „a" des Fühlhebels an einer Skala leicht ablesen. Die Übersetzung in den Hebeln ist zusammen 100:1, so daß die Teilung der Skala 100tel mm abzulesen gestattet. Weitere Einzelheiten des Meßapparates bieten hier kein Interesse. Es soll noch erwähnt werden, daß derartige Geräte nur in Spezialfabriken gebaut werden können, welche die nötigen Eichapparate, sowie Einrichtungen zur Kontrolle der verlangten Genauigkeit besitzen. Solchen Spezialfabriken wird es auch leicht möglich sein, die drei Löcher für die Kaliber (3) in Ober- und Unterteil so zu bohren, daß bei jeder Dehnung um 120° zwischen Ober- und Unterteil die Kaliber mit Schiebesitz sich einführen lassen, während dies wohl jedem anderen Lehrenbau Schwierigkeiten bereiten würde.

Beim Prüfen der Zahnflanken wird der Kupplungskörper in das Oberteil (1) des Meßapparates gelegt, so daß die eine Zahnflanke die Meßschnäbel „a, a" der Fühlhebel berührt. Hierbei läßt sich an der Skala bereits ablesen, ob die Zahnflanke radial gerichtet ist, in diesem Falle müssen beide Zeiger denselben Wert anzeigen, d. h. sich genau gegenüberstehen. Ist dies nicht der Fall, so muß der betr. Teil der Flanke so lange nachgeschabt werten, bis die Zeiger den gleichen Wert anzeigen; da die Übersetzung 100:1 ist, wird selbst bei größerem Unterschied in der Zeigerstellung nur ein geringes Nacharbeiten nötig sein.

Nachdem in dieser Weise die radiale Stellung des ersten Zahnes festgestellt ist, wird der Kuppelungskörper durch die 3 Halteschrauben (6) in seiner Lage festgehalten; hierbei ist zu beachten, daß die Meßschnäbel an der Zahnflanke anliegen und die Zeiger auf der Skala-Marke „0" einspielen. Alsdann nimmt man die 3 Kaliber (3) zwischen Ober- und Unterteil heraus, dreht das Oberteil um 120° und führt die Kaliber wieder ein. Die Meßvorrichtung mit Skala und den Meßschnäbeln wird hierbei hochgestellt, so daß der zu messende Kuppelungszahn vorbeigeht. Jetzt bringt man die Meßschnäbel vor die neu zu messende 2. Zahnflanke und sieht, wie sich die Zeiger an der Skala einstellen. Bei genauer Dreiteilung und ebenfalls genauer radialer Stellung dieser Zahnflanke müssen die Zeiger dieselbe Stellung einnehmen, wie bei dem ersten gemessenen Zahn, d. h. sie müssen auf 0 einspielen. Ist dies nicht der Fall, so muß die 2. Zahn-

Spannvorrichtungen, Bohrlehren u. Hilfsapparate f. wirtsch. Fertigung.

flanke ebenfalls so lange nachgeschabt werden, bis diese Zeigerstellung erreicht wird.

Auch das Messen der 3. Zahnflanke geschieht in derselben Weise.

Wir ersehen aus dem Vorstehenden, daß es nicht die geringste Schwierigkeit macht, die Teilung und Richtung der Zahnflanke innerhalb der vorgeschriebenen Toleranz $\pm$ 0,05 einzuhalten. Da der Meßapparat eine Übersetzung von 100 : 1 hat, so ist es sogar zulässig, die Zeiger je 5 Strich über und unter der Nullmarke abweichen zu lassen, ohne die Grenzwerte zu überschreiten.

Wir haben diese ausführliche Beschreibung des Meßapparates und der Spannvorrichtung besonders deshalb gebracht, um der irrigen Ansicht vieler Betriebe zu begegnen, daß man solch geringe Maßunterschiede in der Werkstatt gar nicht oder nur schwer einhalten kann. Solange diese Ansicht in jenen Betrieben bestehen bleibt, ist es natürlich zwecklos, die Einzelteile zu tolerieren, denn die Austauschbarkeit wird nur erreicht, wenn die Grenzmaße auch eingehalten werden. Das Einhalten der Grenzmaße und selbst der kleinsten Maßunterschiede ist leicht möglich, wenn man geeignete Spannvorrichtungen, Bohrlehren und dgl. hat neben den erforderlichen Grenzlehren.

Wir glauben in dem vorhin Gesagten, sowie auch in der Besprechung des Steuerhebels bei Abb. 2 und 3 die wirtschaftlichen Vorteile der Hilfseinrichtungen und ebenso auch die Möglichkeit verschiedener recht schwieriger Fertigungen genügend hervorgehoben zu haben; in den kurzen folgenden Betrachtungen sollen noch einige allgemeine Gesichtspunkte für Entwurf und die Herstellung der Spannvorrichtungen besonders behandelt werden.

Die Spannvorrichtungen werden zum großen Teile aus Schraubstöcken bestehen können, welche im Handel zu beziehen sind. Als Auflage für die Einzelteile sind in diese Schraubstöcke besondere Einlagen (wenn möglich beweglich) einzubauen. Die Auflagen für die zu bearbeitenden Stücke bestehen zweckmäßig aus drei Auflagepunkten. Für die Spannvorrichtung selbst sind aber immer vier Auflagepunkte (Füße) anzuordnen, damit man leicht feststellen kann, ob die Vorrichtung auf dem Tische der Werkzeugmaschine nicht wackelt, was durch schiefe Tischfläche oder unten liegende Späne verursacht werden kann.

Das Abfangen der Späne ist besonders sorgfältig vorzusehen, ebenso, daß bewegliche Teile, wie Spindeln, Schieber und dgl. gegen Späne nach Möglichkeit geschützt werden. Die Auflagepunkte für das zu bearbeitende Teil müssen stets leicht von Spänen zu reinigen sein; der Arbeiter soll sich auch stets davon leicht überzeugen können, ob diese Stellen rein sind.

Alle der Abnutzung unterworfenen Teile müssen leicht auswechselbar sein. Ihre Stellung muß durch Paßstifte und Schrauben gut gesichert werden, so daß ihre Stellung stets unverändert bleibt. Diese Teile, und hierzu gehören besonders auch die Aufnahmeflächen für das Einzelteil, müssen gehärtet (Einsatz) sein. Ist besonders starke Abnutzung zu befürchten, so fertigt man diese Stücke lieber aus Werkzeugstahl und schleift die maßgebenden Flächen. Alle Schrauben, Stifte und dgl. sind im Einsatz zu härten. Wählt man Werkzeugstahl für einzelne Ausführungen, so sind dieselben beim Härten in Öl abzukühlen und im Salzbade bei einer bestimmten Anlaßtemperatur anzulassen. Alle gehärteten Teile wird man im Sandstahl blasen; die Schraubenköpfe werden vielfach gebläut oder ebenfalls angelasen, um ihnen ein besseres Aussehen zu geben.

Sollen einzelne Stellen eines Teiles gehärtet werden, so erreicht man diese Teilhärtung, indem man das ganze gehärtete Stück in der Gasflamme an den angrenzenden Stellen ausglüht oder blau anläßt. Auch durch Kalihärtung ist eine gute Oberflächen-Teilhärtung zu erzielen.

Eine andere Art der Teilhärtung erreicht man, indem das zu härtende Stück in ein Gefäß mit Wasser gelegt wird, so daß die Wasseroberfläche die zu härtende Stelle soeben bespült. Diese Stelle wird dann mit dem Autogen-Brenner erwärmt und kühlt sich durch das umspülende Wasser schnell ab. Bei größeren Flächen muß fließendes Wasser benutzt werden, und das Gefäß mit einem Überlauf versehen sein. Diese letzte Art der Teilhärtung ist sehr zu empfehlen, man erhält eine stärkere Härteschicht, die sich leicht eng begrenzen läßt. Das Verfahren erfordert allerdings einige Übung.

Bei den Bohrlehren, sowie auch überhaupt bei den meisten anderen Spannvorrichtungen erfordert die Aufnahmefläche für das betr. Einzelteil ganz besondere Beachtung beim Entwurf der Vorrichtung. Wie schon früher bei der Besprechung des Steuer-

Spannvorrichtungen, Bohrlehren u. Hilfsapparate f. wirtsch. Fertigung. 83

hebels der Abb. 2 hervorgehoben wurde, wird man bei der Arbeitsteilung des Stückes immer danach trachten, recht bald eine Fläche zu bearbeiten, von welcher dann die Aufnahme für alle weiteren Bearbeitungen ausgeht. Dies hat den Vorteil, daß die in der Bearbeitung auftretenden unvermeidlichen Fehler sich niemals addieren.

In dem genannten Steuerhebel hatten wir in der Bohrung eine solche Aufnahme, weshalb auch die Spannvorrichtungen für alle Arbeitsstufen nach der Herstellung dieser Bohrung immer einen Dorn mit Anlagefläche zur Aufnahme des Hebels hatten. Schon bei der Konstruktion des Einzelteiles wird man derartige Aufnahmestellen im Auge haben und die betreffenden Toleranzmaße von bestimmten Ausgangspunkten oder Flächen einschreiben, wie bei der Kannenzapfenwelle in Abb. 19 und dem Gehäuseteil Abb. 21 besprochen wurde.

In die Bohrlehren oder die Spannvorrichtungen müssen dann die Bohrbüchsen so eingesetzt werden, daß die Maße von diesen Aufnahmeflächen genau eingehalten werden. In der Regel wird man immer zwei rechtwinklich zueinder liegende Aufnahmeflächen oder Punkte anordnen, falls es sich nicht um Aufnahme auf einem Dorn handelt. Das betr. Einzelteil ist gegen diese Flächen durch Schrauben, Keil oder Exzenter fest anzuspannen, so daß seine Lage in allen Fällen gut gesichert bleibt und sich auch bei der Bearbeitung nie verändern kann.

Die Bohrbüchsen der Bohrlehren sind mit der Presse fest einzusetzen und nachträglich auf das genaue Maß auszuschleifen oder mit Kupferdorn nnd Schmirgel mit Wasser auszuschmirgeln. Zum Ausschleifen solcher Bohrungen ist die Fortuna-Spindel, welche von der Firma Fortuna-Werke in Cannstatt bei Stuttgart hergestellt wird, sehr zu empfehlen. Hiermit lassen sich Bohrungen bis zu 6 mm herunter sehr genau und leicht ausschleifen. Die Bohrbüchsen der Bohrlehren müssen entweder bis auf das zu bohrende Stück dicht herauf reichen, oder man gibt einen Spielraum zwischen Büchse und Einzelteil. In diesem Falle muß die äußere untere Kante der Bohrbüchse abgefast werden, damit die Späne frei austreten können.

Bei Bohrlehren sollte man möglichst wenig die bekannten Klappdeckel zur Aufnahme der Bohrbüchsen anordnen, weil diese in den Scharnieren sich bald ausarbeiten und dann Un-

6*

genauigkeiten entstehen müssen. Auch bei Klappdeckeln ist immer noch außer dem Scharnier eine gute Sicherung des Deckels durch Anschläge und dgl. anzuordnen.

Die Spannvorrichtungen für Bohr-, Hobel- und Fräsarbeiten erhalten in der Regel eine kastenförmige Form. Vielfach sind zwei gegenüberliegende Seiten parallel oder die angrenzenden Seiten im Winkel von 90° zu halten, damit auch eine rechtwinklige Bearbeitung des Werkstückes erfolgen kann, ohne umzuspannen. Diese Vorrichtungen werden auf dem Tisch der Werkzeugmaschine befestigt, oder bei kleinen Ausführungen an Bohrmaschinen auch lose aufgelegt. Bei Fräs- oder Hobelarbeiten ist immer eine gute Befestigung der Vorrichtung auf dem Bett der Maschine vorzusehen, und hierzu müssen die Abmessungen der Befestigungsnuten bekannt sein, wenn man das Befestigen durch Spanneisen vermeiden will.

Für viele Einzelteile der Vorrichtungen wird man Normalteile verwenden können, so z. B. immer für Handräder, Stifte, Schrauben und dgl., auch die Bohrbüchsen der Bohrlehren soll man nach Möglichkeit normal halten, und die im Handel käuflichen Büchsen verwenden.

Da es sich bei der Herstellung der Spannvorrichtungen meistens um Einzelanfertigung handelt, so sind die Einzelabmessungen in den Zeichnungen nicht zu tolerieren; nur diejenigen Maße, welche als Lehrenmaße gelten, und welche den Toleranzzeichnungen der Einzelteile entnommen werden, sind innerhalb der üblichen Genauigkeitsgrenzen im Lehrenbau von 1—3/1000 einzuhalten. Außerdem auch alle Bohrungen und Wellen für Feinpassungen. Für die Prüfung der Lehrenmaße, welche in den Zeichnungen für die Anfertigung der Vorrichtungen durch Unterstreichen gekennzeichnet sind, wird man in der Regel keine besonderen Lehren anzufertigen haben, hierfür genügen die im Handel käuflichen Meßgeräte und besonders die Parallelendmaße.

Die Spannvorrichtungen sind in erster Linie dazu bestimmt, den Einzelteilen schnell und zuverlässig die gewünschte Lage für die Bearbeitung auf der Werkzeugmaschine zu geben. Es wird dann aber noch erforderlich werden, dem Arbeiter einen bestimmten Anhalt zu geben, wann die erforderliche Bearbeitungstiefe oder Spannstärke erreicht ist, damit die zu fertigenden Teile auch lehrenhaltig ausfallen. Durch Messen oder Probieren mit

Spannvorrichtungen, Bohrlehren u. Hilfsapparate f. wirtsch. Fertigung. 85

der Grenzlehre während der Bearbeitung wird dies nicht immer zu erreichen sein. Deshalb sind an den Arbeitsspindeln oder Supporten der Werkzeugmaschinen Zeiger oder feste Anschläge anzubringen, damit die Bearbeitung innerhalb der zulässigen Grenze bleibt. Diese Anschläge und dgl. werden vom Einrichter stets kontrolliert und die gefertigten Teile mit den Arbeitsgrenzlehren geprüft, damit die Gewißheit besteht, daß die Vorrichtungen, sowohl wie die genannten Anschläge, richtig eingestellt sind. Ebenso muß der Einrichter den Schnittwerkzeugen in bezug auf richtiges Anschleifen und Einspannen die größte Aufmerksamkeit schenken, wenn mit ungelernten Arbeitern austauschbare Einzelteile hergestellt werden sollen.

Die Spannvorrichtungen für die Bearbeitung von Rundmaterial auf Automaten und Revolverbänken sollen hier nicht näher behandelt werden, weil solche in der Regel von den Spezialfabriken, welche diese Maschinen bauen, mitgeliefert werden. Für gewöhnliche Drehbänke, die zur Bearbeitung von Massenteilen in der Regel mit Hohlspindel versehen sind, werden vielfach verschiedene Spreizdorne oder Spannpatronen zur Aufnahme des Einzelteiles, besonders bei Stangenmaterial nötig werden. In der Metallbearbeitung werden sich hierfür die verschiedensten Ausführungen ergeben, auf die wir hier aber nicht näher eingehen können.

Aus den vorstehenden Betrachtungen erkennt man, daß der Entwurf und die Herstellung der Spannvorrichtungen nicht unerhebliche Kosten und Zeit erfordert. Bei schwieriger Bearbeitung, besonders, wenn mehr als 100 Arbeitsstufen vorhanden sind, was wohl selten, aber doch vorkommen kann, wird es kaum möglich werden, die wirtschaftlichste Fertigung, und demnach auch die dazu nötigen Spannvorrichtungen im voraus zu bestimmen, vielmehr wird sich die wirtschaftlichste Arbeitsfolge erst nach einer gewissen Zeit herausbilden. Aus diesem Grunde wird auch teilweise die Ansicht vertreten, die erste Bearbeitung mit provisorischen Spannvorrichtungen auszuführen, um hierbei den richtigen Arbeitsplan festzulegen und dann erst die vollkommere Herstellung dieser Hilfsgeräte vorzunehmen. Wenn diese Ansicht auch bei sehr komplizierten Teilen zutreffend sein mag, so wird sie in den meisten Fällen und besonders wenn es sich um einfache, leicht zu übersehende Arbeiten handelt, doch zu unützen

Geldkosten führen. Die Herstellung der vollkommensten Hilfsgeräte muß in jedem Falle geschehen, deshalb sind die Unkosten dafür am geringsten, wenn diese Herstellung gleich, also vor Eintritt in die Fabrikation erfolgt. Gemeinschaftliche Arbeit des Konstrukteurs mit der Betriebsleitung und den Meistern, sowie auch die Resultate gewisser Versuchsarbeiten über Schnittgeschwindigkeiten, Schnittwinkel und dgl. werden aber stets volle Aufklärung, selbst in den schwierigsten Fällen, welche immer nur vereinzelt sind, geben.

II. Die Grenzlehren, ihre Bestimmung und Anwendung.

1. Allgemeines über Grenzlehren, deren Gebrauch und Abnutzung.

Die in den vorigen Abschnitten besprochenen technischen Vorarbeiten für die Herstellung austauschbarer Einzelteile ermöglichen nur dann die fehlerlose und wirtschaftliche Fertigung, wenn für die Prüfung der Einzelteile geeignete Meßgeräte vorhanden sind. Es wäre zwecklos, der Werkstatt die mit Grenzmaßen versehenen Zeichnungen zu übergeben, wenn der Arbeiter nicht gleichzeitig Grenzlehren erhält, womit er die einzelnen Abmessungen prüfen kann; denn man kann diese Abmessungen nicht mit den bisher gebräuchlichen Meßgeräten der Schieblehre oder dem Taster prüfen. Es soll auch überhaupt gar nicht ein einzelnes genaues Maß festgestellt werden, weil die Werkstatt nicht in der Lage ist, ein absolut genaues Maß einzuhalten. Bei der Prüfung eines Toleranzmaßes soll festgestellt werden, ob dieses Maß innerhalb der vorgeschriebenen Meßgrenzen liegt; so z. B. bei $50 \pm 0{,}1$, ob das Einzelteil zwischen 49,9 und 50,1 ausgefallen ist.

Es wurde bereits hervorgehoben, daß die Toleranzzeichnungen für die Werkstatt nur geringe Bedeutung haben; sie dienen in erster Linie als Unterlage für die Herstellung der Grenzlehren, mit denen die Werkstatt die einzelnen Toleranzmaße, die in der Zeichnung vorgeschrieben sind, an den gefertigten Einzelteilen prüft. Außerdem dienen die Toleranzzeichnungen als Originalunterlage für Änderungen einzelner Teile oder Neukonstruktionen.

Die Werkstatt wird die Toleranzzeichnungen überhaupt nicht benötigen, wenn in den Arbeitslisten für jede Arbeitsstufe die zugehörige Lehren-Nr. angegeben ist, wie aus Abb. 3 ersichtlich ist. Der große Erfolg der Reihen und Massenherstellung mit ungelernten Arbeitskräften beruht eben darin, daß wir aus der Werkstatt fast alle mehr oder weniger geistige Arbeit entfernen; wir legen diese Arbeit in den Toleranzzeichnungen fest, und im Werkzeugbau wird die in den Toleranzzeichnungen festgelegte Abstufung der Einzelmaße wieder in einem Lehrgerät gebunden, mit welchem der Arbeiter leicht und ohne viel Kopfarbeit die in den Toleranzzeichnungen vorgeschriebenen Maßgrenzen prüfen kann.

Mit diesen mechanischen Geräten kann auch der ungelernte Arbeiter leicht feststellen, ob das, was der Konstrukteur in den Toleranzzeichnungen bestimmt hat, in der Werkstatt genau ausgeführt worden ist.

Die Grenzlehren und Lehrgeräte müssen deshalb nicht nur in bezug auf die Grenzmaße mit größter Genauigkeit ausgeführt werden. Sie müssen auch leicht zu bedienen sein, und Fehler in der Handhabung dürfen nicht vorkommen. Aus diesen Gründen ist es wohl einleuchtend, daß auch die Grenzlehren und Lehrgeräte vor Anfertigung im technischen Büro entworfen werden, so daß deren Herstellung dann im Lehrenbau nach Zeichnungen erfolgen kann.

Ehe wir uns eingehender mit der Bestimmung der Grenzlehren und Lehrgeräte und deren Durchbildung beschäftigen, sollen die allgemeinen Gesichtspunkte über Wesen und Bedeutung der Grenzlehren erläutert werden.

Es wurde bereits mehrfach betont, daß wir mit der Grenzlehre nie ein einzelnes absolutes Maß feststellen wollen, es soll vielmehr geprüft werden, ob dieses Maß innerhalb gewisser Maßgrenzen eingehalten ist.

Bei dem in Abb. 2 dargestellten Steuerhebel kommt nach der Arbeitsliste Abb. 2 in Stufe 2 die Lehre Nr. 2 in Anwendung. Damit soll das Toleranzmaß $45 \pm 0{,}1$ geprüft werden, welches die Breite des Hebels an der Bohrung bestimmt. Die hierzu erforderliche Grenzlehre ist eine Rachenlehre, von der in Abb. 29 ersichtlichen Form und ist in normaler Ausführung aus gepreßten Siemens-Martinstahl im Handel zu beziehen.

Um das Toleranzmaß $45 \pm 0{,}1$ zu prüfen, muß man mit dieser Lehre feststellen können, ob dieses Maß innerhalb der Maßgrenzen 44,9 und 45,1 liegt. Der Minusrachen der Lehre dient zur Prüfung, ob das Maß 44,9 nicht unterschritten ist. Die-

Allgemeines über Grenzlehren, deren Gebrauch und Abnutzung. 89

ses Maß wird aber nur dann nicht unterschritten sein, d. h. es ist gleich oder größer, wenn der Minusrachen sich über die Hebelbreite **nicht** überschieben läßt.

Wir halten daher den Minusrachen gleich dem Minusgrenzmaß der Toleranzzeichnung = 44,9.

Die zweite Prüfung mit dem Plusrachen soll feststellen, ob das Plusmaß 45,1 nicht überschritten ist. Der Plusrachen muß deshalb so groß sein, daß die Hebelbreite von 45,1 soeben hineingeht. Dies wird dann der Fall sein, wenn der Plusrachen etwa 3/1000 größer als 45,1, also 45,103 ist.

Wir haben hiernach gefunden, daß bei einer Rachenlehre die Minusseite über das zu messende Stück **niemals** herübergehen darf, während die Plusseite herübergehen oder höchstens anfassen darf, wenn das Teil innerhalb des betreffenden Grenzmaßes liegt.

Abb. 29.

Wir haben weiter festgestellt, daß die Minusseite einer Rachenlehre gleich dem Minusgrenzmaß der Toleranzzeichnungen sein muß, während die Plusseite 1—5/1000 größer zu halten ist als das Plusgrenzmaß der Zeichnung, um über ein Einzelteil vom Plusmaß herüberzugehen oder anzufassen.

Vielfach bleibt dieses Größerlassen des Plusrachens unberücksichtigt; wir kommen auf die hierdurch entstehenden Nachteile noch eingehender zu sprechen.

Die Prüfung des Grenzmaßes $45 \pm 0{,}1$ ist nach dem Vorstehenden absolut zuverlässig und auch sehr leicht ausführbar. Es kann wohl kaum ein Fehler entstehen, wenn der Arbeiter weiß, die Minusseite der Rachenlehre darf über das zu messende Stück niemals hinübergehen, während die Plusseite hinübergehen oder höchstens anfassen darf.

Die Herstellung einer solchen Lehre erfordert naturgemäß die besten Facharbeiter und die genauesten Meßgeräte, denn wir haben es hier mit dem Einhalten absoluter Maße zu tun. Das

Minusmaß muß in dem genannten Beispiel 44,9 betragen; es darf höchstens eine Ungenauigkeit von 1—2/1000 haben, denn ein absolut genaues Maß kann auch der beste Lehrenbauer nicht einhalten. Ebenso muß das Plusmaß des Rachens 45,103 bis auf 1—2/1000 genau sein.

Der Lehrenbau ist deshalb die Präzisionswerkstätte eines jeden Betriebes; wo der Betrieb nicht so groß ist, daß ein Lehrenbau mit den erforderlichen Feinmeßgeräten sich einbringt, wird man die Grenzlehren außerhalb in Spezialwerkstätten herstellen lassen, welche mit den besten Meßapparaten versehen sein müssen, um die Lehren innerhalb der üblichen Genauigkeitsgrenzen herzustellen.

Die vorhin besprochene Art der Grenzlehren, die Rachenlehren, dienen zum Messen der Längenmaße oder Durchmesser von Wellen.

In Arbeitsstufe 7 der in Abb. 3 dargestellten Arbeitsliste ist die Lehre Nr. 7 angegeben, welche zur Prüfung der Bohrung des Hebels dient; dies ist ein Grenzkaliber oder eine Rundlehre. Das Grenzmaß beträgt nach der Toleranzzeichnung $20 \pm 0{,}1$.

Demnach muß man mit dieser Rundlehre feststellen können, ob die Bohrung zwischen den Grenzmaßen 19,9 und 20,1 liegt. Dies geschieht in ähnlicher Weise, wie vorhin bei der Rachenlehre Nr. 2. Das Minuskaliber dient zum Prüfen der kleinsten Bohrung 19,9, es muß demnach etwa 2/1000 kleiner gehalten werden, wenn es in diese Bohrung noch eingeführt werden soll.

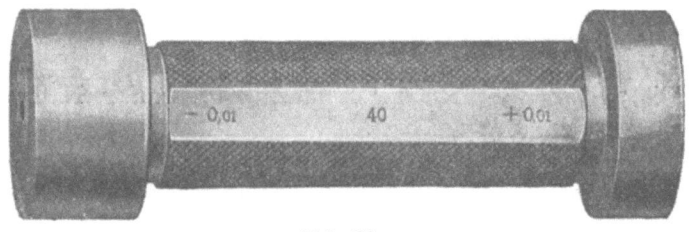

Abb. 30.

Das Pluskaliber soll die größt-zulässige Bohrung prüfen, kann also gleich dem Plustoleranzmaß der Zeichnung sein und darf in die Bohrung nicht mehr eingeführt werden können, oder darf höchstens anfassen. In Abb. 30 ist ein Grenzkaliber in üblicher Ausführung dargestellt.

Allgemeines über Grenzlehren, deren Gebrauch und Abnutzung.

Wie wir bei der Rachenlehre gefunden haben, daß die Minusseite nicht herübergehen, sondern höchstens anfassen darf, so darf beim Kaliber oder der Rundlehre die Plusseite niemals in die zu prüfende Bohrung eingeführt werden können, sondern darf höchstens anfassen. Die Plusseite der Rachenlehre und das Minuskaliber muß dagegen stets über das zu messende Teil bzw. in die Bohrung eingeführt werden können.

Wir haben demnach auch im Grenzkaliber oder der Rundlehre eine ebenso einfache Lehre zum Prüfen der Bohrungen innerhalb eines Grenzmaßes, wie wir dies in der Grenzrachenlehre zum Prüfen der Durchmesser von Wellen oder Längenmaßen haben. Die Handhabung ist die denkbar einfachste und sicherste, weshalb man für die Hauptrevision der Einzelteile auch in der Regel Frauen und Mädchen verwendet.

Bei der Handhabung der Lehren ist noch zu beachten, daß dieselben nicht fahrlässig behandelt werden dürfen; so darf man das Minuskaliber oder die Plusrachenlehre nie mit Gewalt über das zu messende Stück treiben; in der Regel soll die Lehre durch das eigene Gewicht sich in die Bohrung oder über das zu messende Teil schieben lassen. Es ist ferner zu beachten, daß die Teile an den Bohrungen oder den Seitenflächen frei von Grat sind, damit die natürliche Fläche gemessen werden kann, und dies nicht durch vorstehenden Grat behindert wird.

Besondere Sorgfalt erfordert das Nachprüfen der im Gebrauch befindlichen Lehren, denn es findet auch hier nach einer gewissen Benutzungsdauer eine Abnutzung statt, welche über das erlaubte Maß hinausgeht. Diejenigen Lehrenseiten, welche über das zu messende Teil und in die Bohrung nicht hineingehen sollen, also die Minusrachenlehre und das Pluskaliber werden sich in der Regel nicht, oder doch nur sehr wenig, abnutzen; dagegen sind die Plusrachen und das Minuskaliber innerhalb bestimmter Zeiten nachzuprüfen. Je nachdem die Oberfläche der zu prüfenden Stücke geschliffen oder rauh ist, wird die Abnutzung in längerer oder kürzerer Zeit sttatfinden.

Bestimmte Angaben, wann die Abnutzung den höchst zulässigen Wert erreicht hat, lassen sich nur für jeden bestimmten Fall angeben. Allgemein kann man annehmen, daß die größte Abnutzung zwischen 10 und 20 % der Gesamttoleranz liegt. Der kleinere Wert bezieht sich auf Passungen für festen- oder

Schiebesitz; bei Preß- oder Laufsitz wählt man den größeren Wert.

Bei Rachenlehren, welche leichter in Stand zu halten sind, soll die Abnutzung allgemein nicht mehr als 5/1000 betragen.

In allen Fällen ist die Abnutzung der Lehren erstmalig durch Beobachtung und Nachmessen zu bestimmen. Man muß sich darüber in der Werkstatt und im Zusammenbau der Einzelteile Gewißheit verschaffen, ob die als zulässig betrachtete Abnutzung noch in den Grenzen der gegebenen Toleranz liegt, d. h., ob die größte Welle auch noch in die kleinste Bohrung mit der beabsichtigten Passung hineingeht; oder bei Längenmaßen, ob das größte Außenmaß in das Teil mit dem kleinsten Innenmaß hineingeht. In vielen Fällen, besonders bei Feinpassungen wird diese Bedingung in den äußersten Grenzfällen selbst bei neuen Lehren nicht erfüllt werden können; wie weit dann die Abnutzung zulässig ist, wird sich nur von Fall zu Fall entscheiden lassen.

Man wird demnach zu einer sehr verschiedenen Abnutzungsdauer kommen, weil z. B. der Schiebesitz bereits in den festen Sitz übergeht, wenn die Löcher um 4/1000 kleiner oder die Wellen um 2/1000 größer werden. Dagegen wird man eine Lehre, welche zum Messen der in den früheren Beispielen erwähnten ± Nabenlängen oder Kranzbreiten von Zahnrädern dient, erheblich längere Zeit benutzen dürfen, bis das zulässige Maß der Abnutzung überschritten ist.

Zur Kontrolle der Lehren dienen die sogenannten Endmaße für Rachenlehren und Minimeter oder auch Meßmaschinen für Kaliber- oder Rundlehren. Die Benutzung von Mikrometerschrauben zum Prüfen der letzgenannten Lehren ist nur im Notfalle zu empfehlen, da hiermit eine genaue Messung von 1000tel nur von geübtem Personal zuverlässig gemacht werden kann. Das Prüfen der Rundlehren läßt sich auch bis zu einer gewissen Genauigkeit mit in sog. Meßschnäbel eingespannte Endmaße vornehmen, wenn eine Meßmaschine oder Minimeter nicht vorhanden ist. Diese Kontrolle ist immer noch genauer als die Messung durch Mikrometer.

Zur Prüfung der Formlehren werden Gegenlehren angefertigt, welche dann auch zur Neuanfertigung der Formlehren benutzt werden können.

Für die Aufbewahrung der Lehren sind besondere Kästen

Allgemeines über Grenzlehren, deren Gebrauch und Abnutzung. 93

mit Deckel und Verschlußhaken zu empfehlen. Jede Lehre erhält in diesem Kasten einen bestimmten Platz, am besten indem sie nach ihren äußeren Umrissen in den Boden des Kastens eingestemmt wird. Die Bezeichnung der Lehre und die Lehren-Nr. sind deutlich im Kasten an der betr. Lehre zu vermerken. Alle zu einem Einzelteil erforderlichen Lehren müssen dann in ein Lehrenbuch eingetragen werden, woraus der Aufbewahrungsort (Kasten-Nr.), die Anzahl der noch vorhandenen gleichen Lehren und evtl. auch das Prüfungsdatum ersichtlich ist.

Die Grenz-Rachen- und Rundlehren sind heute in jedem Betrieb, der austauschbare Teile herstellt, im Gebrauch; sie werden in Spezialfabriken hergestellt und sind für alle Passungen, wie Preß-, Schiebe- und Laufsitz, und für alle normalen Durchmesser im Handel zu beziehen.

Wenn die Einzelteile nach der Tabelle 1 toleriert werden, so können hierzu auch die passenden Lehren für alle Passungen und normale Durchmesser bezogen werden, so daß der Lehrenbau in der Regel nur Lehren mit anormaler Toleranz, wie wir sie bei der Bestimmung der verschiedenen Längenmaße haben kennen gelernt, anzufertigen braucht, und ebenfalls Spezialapparate, auf die wir noch besonders zu sprechen kommen.

Nach den Katalogen der Spezialfirmen haben sich noch verschiedene Abarten der Grenz-, Rachen- und Kaliberlehren durchgebildet; so für größere Lochdurchmesser. z. B. über 100 mm die sog. Flachkaliber oder auch Endmaße mit kugelförmiger Endfläche. Für größere Rachenlehren verwendet man auch auswechselbare Meßbacken.

Als die wichtigsten und vielseitigsten Lehren sind wohl die Parallelendmaße zu betrachten, und hierunter besonders die Johannsonschen Endmaße.

Die zulässigen Grenzwerte dieser Maße wachsen mit zunehmender Meßlänge derart, daß die Genauigkeitswerte jedes Maßwertes, ganz gleich, ob aus einem oder mehreren einzelnen Meßstücken zusammengesetzt, immer dieselben bleiben. Die Grenzwerte betragen $\pm 1/100\,000$ der Meßlänge oder z. B. bei 100 mm $= \pm 1/1000$ mm.

Ein vollständiger Satz dieser Endmaße gestattet alle Abmessungen von $1-200$ mm mit einer Abstufung von $1/1000$ mm zu messen; es sind demnach hiermit $10\,000$ Zusammenstellungen

94   Die Grenzlehren, ihre Bestimmung und Anwendung.

Abb. 31.

Abb. 31a.

Abb. 32.

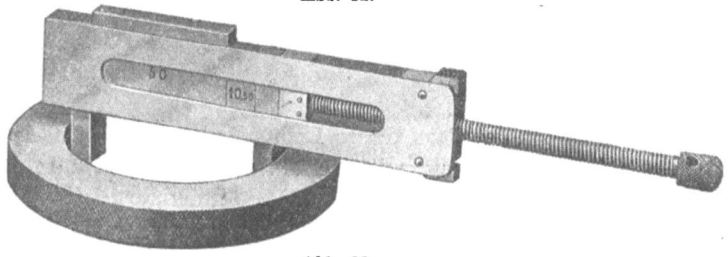

Abb. 33.

Allgemeines über Grenzlehren, deren Gebrauch und Abnutzung. 95

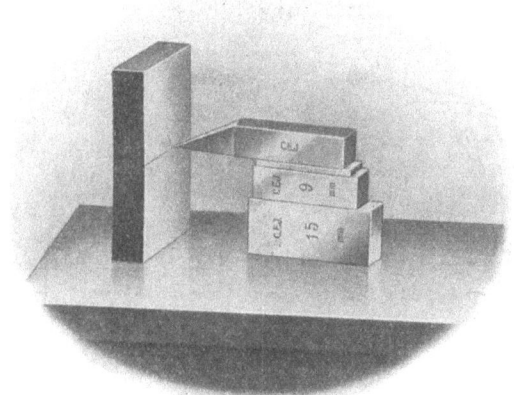

Abb. 34.

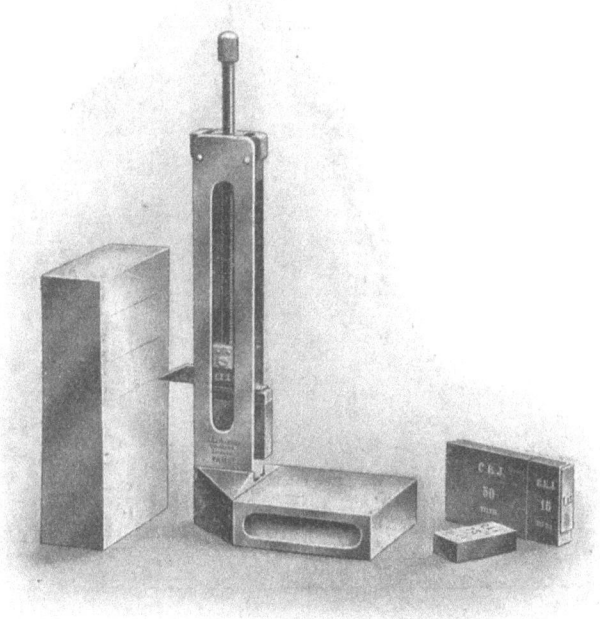

Abb. 34a.

96 Die Grenzlehren, ihre Bestimmung und Anwendung.

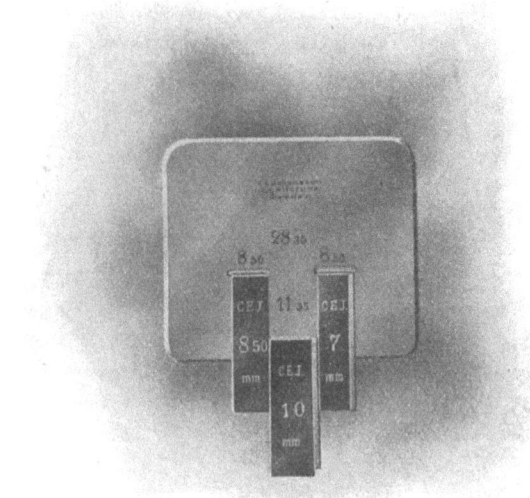

Abb. 35.

Abb. 36.

Allgemeines über Grenzlehren, deren Gebrauch und Abnutzung. 97

Abb. 36a.

möglich. Der kleinere Satz ermöglicht alle Abmessungen von 1—200 mm in Abstufungen von 1/100 mm.

Dadurch, daß die zulässige Abweichung der Endmaße auf 1/100 000 der Länge festgelegt ist, wird eine sehr hohe Genauigkeit erreicht, auch selbst dann, wenn ein Maß aus mehreren solcher Einzelmaße zusammengesetzt ist. Soll z. B. das Maß 70 gebildet werden, so nimmt man hierzu das Einzelmaß 20 und 50 und hat eine Gesamtabweichung von $20 + 50/100\,000 = 0{,}00007$. Ein Gesamtmaß von z. B. 14,102 besteht aus den Einzelmaßen $1{,}002 + 13{,}1$; die Gesamtabweichung beträgt $\frac{14}{100\,000}$, also eine ganz verschwindend kleine Größe.

Neumann, Einzelteile. 7

Aber auch bei einer Zusammenstellung von 4—5 Einzelmaßen wird eine größte Abweichung von 1/1000 mm verbürgt, während die wirkliche Abweichung immer erheblich kleiner ausfallen wird. Dadurch, daß man die Endmaße in sog. Meßschnäbel einspannen kann, sind damit auch Durchmesser für Wellen und Bohrung mit dieser hohen Genauigkeit zu messen und man kann sie auch zweckmäßig zur Prüfung der Rundlehren und Bohrungen verwenden. In Abb. 31/31a sind einzelne Endmaße und in Abb. 32 ein vollständiger Satz abgebildet. Abb. 33 zeigt das Messen einer Bohrung mit Meßschnäbeln, Abb. 34/34a das Anreißen eines Arbeitsstückes, wenn die größte Genauigkeit erzielt werden soll, wie im Lehrenbau. In Abb. 35 ist das Nachprüfen einer Lehre mit Endmaßen dargestellt und in Abb. 36 und 36a das Prüfen von Arbeitsstücken.

Diese Endmaße dienen also in erster Linie als Kontrollmaße für die im Lehrenbau angefertigten Grenzlehren oder als Einstellmaße bei bestimmten Lehrgeräten. Wir brauchen daher zum Prüfen der Lehren auf ihre Abnutzung keine besonderen Lehrstücke oder Gegenlehren; hierfür sind die Endmaße das genaueste und vielseitigste Prüfmittel. Gegenlehren werden nur dort gebraucht, wo es sich um die Form oder Kurve einer Lehre handelt.

Auf die weiteren Meßeinrichtungen von hoher Genauigkeit, wie Meßmaschinen oder Flüssigkeitsmesser, können wir hier nicht näher eingehen, wohl aber müssen wir uns noch mit einem sehr vielseitigen und sehr genauen Meßgerät, dem Minimeter, beschäftigen.

Dieser Apparat beruht auf dem Prinzip der Zeiger- oder Tasterlehren, und ermöglicht einen hohen Genauigkeitsgrad abzulesen, dadurch, daß der Tasthebel, welcher das zu messende Stück berührt, seine Bewegung unter sehr hoher Übersetzung auf einen Zeiger überträgt, dessen Ausschlag an einer Skala ablesbar ist.

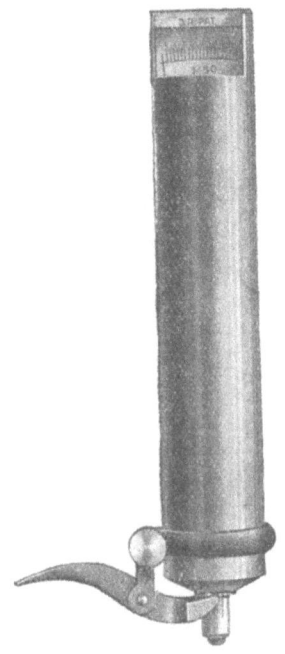

Abb. 37.

Allgemeines über Grenzlehren, deren Gebrauch und Abnutzung. 99

In den beistehenden Abb. 37 und 38 ist ein Minimeter in Ansicht und Schnitt, und in Abb. 39 eine Sonderausführung dargestellt.

Die Vorteile des Hirth-Minimeters bestehen hauptsächlich darin, daß der Genauigkeitsgrad der Messung dauernd unverändert

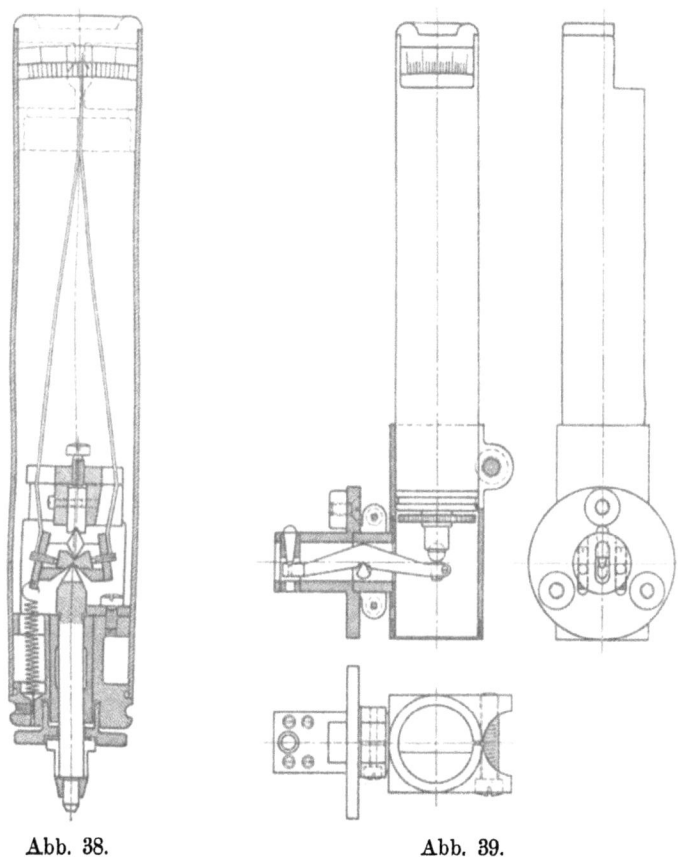

Abb. 38. Abb. 39.

bleibt, weil der Apparat an beweglichen Teilen nur einen auf Schneiden gelagerten Hebel hat. Die Verwendung mehrerer Hebelübersetzungen und Zapfenlager kommen hierbei völlig in Wegfall, wodurch jede die Genauigkeit des Apparates schädlich beeinflussende Ölschicht sowie jeder tote Gang vermieden werden.

7*

Das Übersetzungsverhältnis des Apparates kann leicht geändert werden dadurch, daß man die beiden Stützpunkte des Hebels bei gleichbleibender Länge des an dem größeren Hebelende befindlichen Zeigers einstellt. Durch die Einwirkung einer Feder wird der Hebel stets gegen die Schneiden gedrückt und nach dem Messen in seiner Normallage gehalten. Durch diese Anordnung wird auch stets ein gleichmäßiger Meßdruck erzielt, der vollständig unabhängig ist vom Gefühl der messenden Person.

Das Minimeter (Abb. 37) wird in der Regel in einen Halter eingebaut, welcher entweder einen genau geschliffenen Meßtisch oder eine der Form des zu messenden Einzelteils entsprechende Aufnahme hat. Hierdurch wird erreicht, daß diese Teile schnell in die richtige Lage zum Fühlhebel des Minimeters gebracht werden können, so daß Nuten und Einschnitte oder innerhalb des Teiles liegende Flächen sehr leicht gemessen werden können. Die Skala des Minimeters wird in der Regel mit einer Plus- und Minusmarke versehen, welche dem Toleranzwert des zu messenden Teiles entspricht. Man ist hierdurch in der Lage, nicht nur die beiden Grenzwerte der Messung abzulesen, sondern auch jeden Zwischenwert. Beim Messen mit Grenzlehren können bekanntlich nur das Plus- und Minusmaß festgestellt werden, alle Zwischenmaße dagegen nicht. Wenn auch diese letzte Messung vollständig genügt, so kann es doch auch von Vorteil sein festzustellen, ob das zu messende Maß sich mehr seinem Plus- oder Minuswerte nähert, besonders wenn angestrebt wird, möglichst nahe dem Normalwert des Maßes zu bleiben. Diese Feststellung läßt sich allein mit dem Minimeter sehr leicht und schnell machen.

Das Anwendungsgebiet der Minimeterlehren ist ein sehr vielseitiges, wir werden noch Gelegenheit haben, eine Anzahl Messungen ausführlich zu besprechen.

Außer den in der Revision befindlichen Grenzlehren, durch welche die endgültige Abnahme der Einzelteile stattfindet, und in welchen die Zeichnungs-Toleranzmaße genau festgelegt sind, hat dann noch die Werkstatt ihre Arbeits- und Kontrollehren. Es empfiehlt sich, diesen letzteren Lehren nicht die gleichen Grenzwerte als den Revisionslehren zu geben, sondern sie um einige 100tel oder 1000tel genauer zu halten, damit man auch sicher ist, daß die Revision die Einzelteile abnimmt. Diese Arbeitslehren bedürfen daher einer ganz besonders scharfen

Allgemeines über Grenzlehren, deren Gebrauch und Abnutzung. 101

Kontrolle, denn sie werden in der Regel weniger sorgfältig behandelt als die Revisionslehren. Oft wird die Rachenlehre über die in der Drehbank befindliche Welle oder Zapfen während der Drehung gesteckt, wodurch eine besonders große Abnutzung der Meßfläche stattfindet. Diese Art der Lehrenbehandlung soll unter allen Umständen streng vermieden werden.

Für die Arbeitslehren und auch für die Lehren in der Revision sind daher stets mindestens zwei Satz anzufertigen, damit die fehlerhafte Lehre jederzeit ausgewechselt werden kann.

Außer den vorhin genannten Lehren können noch für gewisse Schrupparbeiten in der Werkstatt Grenzlehren benutzt werden. Diese finden hauptsächlich dort Anwendung, wo gedrehte oder gehobelte Teile nachträglich zu schleifen sind. Man vermeidet viel Streitigkeiten zwischen den einzelnen Werkstätten, wenn man die Zugabe für die Schleifarbeit innerhalb gewisser Toleranzen hält, und auch der Zeitverlust, welcher durch zu große Zugabe für Schleifen entsteht, sowie der hohe Verbrauch von Schleifscheiben und Kraft macht die Einführung von Grenzlehren für das Schruppen in der Regel immer bald bezahlt.

In welchen Grenzen sich die Toleranz für derartige Lehren bewegt, ist sehr verschieden. Angemessen erscheint Welle und Bohrung zuerst eine Zugabe von 0,3 für das Schleifen zu geben; dann gibt man allen Durchmessern bis 20 mm eine Toleranz nicht unter $\pm$ 0,01, bei Durchmessern von 20—30 mm nicht unter $\pm$ 0,015, bei 30—50 mm nicht unter $\pm$ 0,02, bei 50—80 mm nicht unter 0,025, bei 80—120 mm nicht unter 0,03 und bei 120—180 mm nicht unter 0,04. In vielen Fällen wird man diese Toleranz aber erheblich größer halten müssen, damit die Herstellungskosten nicht zu teuer ausfallen.

In vielen Betrieben, welche sich rühmen, nach Lehrensystem zu arbeiten, findet man allerdings Lehren vor, aber keine Grenzlehren, wie wir sie hier haben kennen gelernt, sondern Normallehren, wie sie z. B. in den Endmaßen in vollendetster Weise zum Ausdrucke kommen.

Derartige Normallehren haben natürlich für die Werkstatt und ebenso auch für die Revision keinen Wert. Sie stammen noch aus der Zeit, wo man den Normalmaßen der Zeichnung keine Toleranz gab, sondern sich bemühte, alles absolut genau zu machen und nach der absoluten oder Normallehre zu prüfen.

Die Grenzlehren, ihre Bestimmung und Anwendung.

Bei dieser Arbeitsweise mußte es dann natürlich nur Ausschuß geben, denn wir wissen, daß die Werkstatt absolute Maße nicht einhalten kann. Aber man half sich in der Weise, daß man alle Teile, welche eine gewisse, noch zulässige Abweichung hatten, als gut betrachtete. Wie groß aber diese zulässige Abweichung sein durfte, hing sehr vom Wohlwollen und der Laune des Revisors ab. Ebenso fiel diese Abweichung verschieden aus, wenn ein neuer Beamter eintrat; der Revisor war deshalb immer der am meisten gefürchtete Mann im Betriebe.

Die in dieser Weise gelehrten Einzelteile waren natürlich nicht austauschbar, denn die aus freiem Ermessen des Revisors gewählten Toleranzen über oder unter dem Maß der Normallehre waren sog. wilde Toleranzen. Sie hatten weder Zusammenhang mit einer beabsichtigten Passung, noch waren sie nach den Gesichtspunkten bestimmt, die wir in den früher besprochenen Übungsbeispielen haben kennen gelernt.

Diese sog. Normallehren haben für die Werkstatt demnach nur historischen Wert; sie sind aber hier erwähnt worden, weil von jener Seite vielfach das Grenzlehrensystem, wie wir es hier haben kennen gelernt, abfällig behandelt wird, und zwar mit dem Hinweis, daß jene Betriebe schon immer nach Lehren arbeiten, aber dennoch keine austauschbaren Teile herzustellen vermögen.

Bei diesem Einwande übersieht man, daß bei Herstellung der Einzelteile nach Normallehren niemals Austauschbarkeit zu erzielen ist, dies wird nur möglich bei der Fertigung nach Grenzlehren, deren Maßgrenzen innerhalb gewisser Toleranzen liegen, welche nach den hier kennen gelernten Gesichtspunkten bestimmt sind.

Außer den vorhin besprochenen Grenzlehren werden für die Prüfung der Einzelteile oftmals noch Lehrgeräte nötig, welche immer der zu beabsichtigenden Messung besonders anzupassen sind. In dem Zahnflanken-Meßapparat Abb. 28 wurde bereits ein derartiges recht vielseitiges Meßgerät besprochen, und wir werden später bei der Bestimmung der einzelnen Lehren für die früher tolerierten Einzelteile noch weitere derartige Sondermeß-Geräte kennen gelernt.

Nach dem vorhin Gesagten kann man also die gesamten Lehren in drei Gruppen teilen: zuerst in die Gruppe der normalen Grenzlehren für Bohrung und Welle oder entsprechende

Allgemeines über Grenzlehren, deren Gebrauch und Abnutzung. 103

Längenmaße; dann in die Gruppe der annormalen Grenzlehren für Längenmaße und Durchmesser und in Spezial-Lehrgeräte.

Die erste Gruppe ist im Handel für alle Passungen und normalen Durchmesser zu beziehen; wir können deshalb den Normalmaßen der Zeichnung auch die Bezeichnung p, f, s, l und ll-Preßsitz, fester Sitz, Schiebesitz, Laufsitz und leichter Laufsitz geben und diese Lehren sind hierdurch vollständig bestimmt. Vorher ist jedoch die Entscheidung zu treffen, ob man vom System der normalen Bohrung oder der normalen Welle ausgeht.

Beim System der normalen Bohrung, welches in der Regel in Frage kommt, hat die Bohrung für alle Passungen nur eine bestimmte Toleranz und die Welle stuft entsprechend den verschiedenen Passungen für Preßsitz, festen Sitz, Schiebesitz und Laufsitz ab. Die hierzu gehörigen Toleranzen sind in Tabelle 1 angegeben. Dies System bietet den Vorteil, daß man die im Handel befindlichen normalen Bohrwerkzeuge und Reibahlen für die Bohrungen beziehen kann, während das Herstellen der abgestuften Welle weiter keine Schwierigkeit macht.

In einzelnen Fabrikationszweigen kann aber auch das System der normalen Welle mehr Vorteile bieten, wie wir in den früheren Abschnitten haben kennen gelernt, so z. B. im Transmissions-, im Dampfmaschinen- und Motorenbau. Hier bleibt dann die Welle innerhalb einer gewissen Toleranz für alle Passungen normal, während die Bohrung für jede Passung abstuft.

Die Lehren für die Normalpassungen sind also im Handel zu beziehen und brauchen daher weiter nicht bestimmt werden.

Alle anderen Maße, die sich auf die Dicke, Breite oder Länge eines Einzelteiles beziehen, werden meistens eine viel größere Toleranz erhalten können, als die in sehr engen Grenzen gehaltenen Toleranzen der vorhin genannten Fein-Passungen. Da aber diese Längenmaße ebenfalls toleriert werden müssen, wie wir an allen besprochenen Beispielen gesehen haben, wenn Austauschbarkeit der Einzelteile erzielt werden soll, so müssen demnach auch die Lehren dafür besonders bestimmt und angefertigt werden.

Nach dem Toleranzzeichnungen sind demnach die Lehrenzeichnungen anzufertigen und die Lehrenmaße zu bestimmen.

Die dritte Gruppe, die Sonderlehrgeräte, werden nach den besonderen Anforderungen, welche an sie gestellt werden, ebenfalls stets zu entwerfen sein. Wir haben es hier oft mit sehr sinnreich durchdachten Apparaten zu tun, welche meistens in der Hauptrevision benutzt werden. Diese Lehrgeräte dienen auch vielfach zum Prüfen bestimmter Grenzmaße an mehreren zusammengebauten Einzelteilen. Wir können uns hier jedoch nicht mit der Durchbildung solcher Spezialgeräte beschäftigten; sie lassen sich immer nur von Fall zu Fall entwerfen wie an dem eingehend besprochenen Zahnflankenmeßapparat der Abb. 28 hervorgeht. Auf einzelne Ausführungen solcher Lehrgeräte werden wir bei den später besprochenen Lehren für die in den früheren Beispielen tolerierten Einzelteile noch näher zurückkommen.

2. Allgemeine Grundsätze über die Bestimmung der Grenzlehren und deren Ausgangstemperatur.

Für die Bestimmung der Grenzlehren zu den Grenzmaßen der Einzelteile werden zwei verschiedene Ansichten vertreten, und zwar wählt man in einem Falle die Lehrenmaße gleich den Zeichnungstoleranzmaßen oder man bestimmt die Lehrenmaße besonders in der Weise wie später besprochen.

Wählen wir Lehrenmaß gleich dem Zeichnungsmaß und halten z. B. bei einem Dorn von $20 \pm 0{,}1$ die Minuslehre zu 19,9 und die Pluslehre 20,1, so treten gleichzeitig zwei Erscheinungen auf, welche keinesfalls erstrebt oder beabsichtigt werden. Wird die Rachenlehre genau nach den angegeben Grenzmaßen — 19,9 und + 20,1 angefertigt, d. h. mit 1—2/1000 Toleranz, so wird bei der Minuslehre nichts auszusetzen sein, denn sie darf über den zu lehrenden Dorn nie herübergehen, was auch der Fall ist; der kleinst zulässige Dorn wird demnach 19,9 ausfallen. Bei der Pluslehre besteht die Bedingung, daß dieselbe über den Dorn stets herüber gehen muß. Hat man jetzt aber einen Dorn von dem zulässigen Höchstmaß 20,1, so wird die Lehre mit dem Plusmaß 20,1 nicht herübergehen, weil zwei Maße gleicher Größe sich nicht ineinander einführen lassen. Der Dorn wird demnach von der Revision als Ausschuß behandelt, obgleich er das höchst zulässige und beim Tolerieren beabsichtigte Höchstmaß 20,1 hat; bei Bohrungen trifft das Umgekehrte ein.

In solchen Fällen wird also bei Wellen die Plustoleranz nicht ganz ausgenutzt werden und bei Bohrungen die Minustoleranz nicht. Handelt es sich in solchen Fällen um kleine Durch-

Allgemeine Grundsätze über die Bestimmung der Grenzlehren. 105

messer, vielleicht unter 10 mm, für Schiebesitz oder festen Sitz, so wird ein Stift, z. B. für 5 mm höchstens 5,003 werden, denn die Tabelle gibt als Plusmaß 5,006 an. Soll dies Maß gleich dem Lehrenmaß sein, so wird der Stift, über welchen die Lehre von 5,006 greift, höchstens 5,003 sein, während die größte Bohrung nach der Tabelle bereits 5,008 sein kann. In solchen Grenzfällen wird dann aber nicht mehr fester Sitz erreicht.

Bei dieser Art der Lehrenbestimmung, wo also die Toleranz nicht ganz ausgenutzt wird, muß die Revision und die Werkstatt natürlich Lehren erhalten, welche beide in dieser Weise bestimmt sind. Bei auswärtigen Bestellungen oder Nachlieferungen von Lehren ist dies besonders zu beachten.

Die vorhin genannte Pluslehre von 20,1 wird nun aber in der Regel im Lehrenbau so hergestellt, daß man ein Endmaß von 20,1 nimmt und den Rachen so lange ausschleift, bis das Endmaß hineingeht. In solchen Fällen fällt dann der vorhin erwähnte Nachteil, daß die auf das Höchstmaß ausfallenden Stücke Ausschuß werden, weg, denn eine Lehre, die über ein Endmaß 20,1 geht, wird auch über den Dorn 20,1 gehen, sie ist demnach nicht 20,1, sondern 20,103. Damit ist wohl der beim Tolerieren des Plusmaßes erstrebte Zweck erreicht; wir haben jetzt aber beim Minusmaß den vorhin erwähnten Nachteil, denn die Minuslehre nach dem Endmaß 19,9 passend, wird über den Dorn 19,9 ebenfalls gehen und die Revision betrachtet diese Teile als Ausschuß.

Demnach wird die in den Toleranzzeichnungen zugrunde gelegte Toleranz nicht voll ausgenutzt, wenn man die Lehrenmaße gleich den Zeichnungstoleranzmaßen bestimmt, und dies muß der Werkstatt mitgeteilt werden, besonders, wenn einzelne Teile anderweitig hergestellt werden, oder die Lehren von verschiedenen Werkstätten zu liefern sind; ebenso ist hierüber bei Lehrennachbestellungen stets genaue Angabe zu machen, damit alle Lehren dauernd nach derselben Weise angefertigt werden.

Diese vorhin erwähnten, keinesfalls beabsichtigten Erscheinungen werden vermieden, falls man die Lehrenmaße besonders bestimmt und zwar derart, daß die Plusrundlehre (+ Kaliber) und der Minusrachen gleich den betreffenden Grenzmaßen der Zeichnung gehalten werden. Die Minusrundlehre und der Plusrachen, welche in die Bohrung bzw. über die Welle gehen oder mindestens anfassen müssen, erhalten als Lehrenmaß 1—5/1000 weniger bzw. mehr als das betr. Zeichnungsgrenzmaß.

Hierdurch wird der erstrebte Zweck erreicht, daß die vorgeschriebene Toleranz voll ausgenutzt ist, und es können Teile, deren Minusmaß gleich dem Minusgrenzmaße der Toleranzzeichnung sind, niemals zurückgewiesen worden, ebenso Teile mit den Plusgrenzmaßen.

Diese Mehrarbeit für die beondere Bestimmung der Lehrenmaße der Minusrundlehre und des Plusrachens ist ganz bedeutungslos, denn man kann alle Minusrundlehren bis 50 mm Durchmesser 1—3/1000 mm kleiner halten als das Zeichnungsgrenzmaß und die größeren Minusrundlehren 3—5/1000 kleiner. Die Plusrachen sind für die Größen bis 50 mm 1—3/1000 mm und über 50 mm 3—5/1000 größer zu halten.

Für den Lehrenbau bleibt es natürlich vollkommen gleich, ob man sich z. B. wie im vorigen Beispiel das Endmaß 19,1 oder 19,102 zusammenstellt, da die Endmaße sich bekanntlich bis 200 mm in allen Größen mit Unterschieden von 1/1000 zusammenstellen lassen. Natürlich müssen die Lehren so angefertigt werden, daß sie auch wirklich das Lehrenmaß halten und nicht, daß sie über ein Endmaß von dem betreffenden Grenzmaß der Zeichnung gepaßt werden.

Diese richtige Zusammenstellung der Endmaße erfordert gar keine größere Arbeit oder Kenntnis; jeder Lehrenbauer weiß, daß eine Rundlehre, die in eine Bohrung von z. B. genau 20 mm saugend hineingehen soll, nur 19,998 Durchmesser haben darf, und daß dieses Maß beim Schleifen genau so leicht einzuhalten ist, als das Maß 20, ebenso wie das erstere Maß auf der Meßmaschine, oder durch Minimeter ebenso schnell und leicht festzustellen ist, als das letztere und auch die Zusammenstellung eines Endmaßes von 20,1 nicht mehr Arbeit macht, als wenn man ein Endmaß von 20,102 zusammenstellt.

Wenn auch aus den erläuterten Gründen und Gegengründen hervorgeht, daß man die Lehren nicht gleich den Zeichnungsgrenzmaßen halten soll, so wird in der Regel doch meistens das letztere stattfinden, und zwar ohne Nachteil, weil es sich meistens um größere Toleranzen handelt, so daß der kleine Maßunterschied zwischen Schiebe- und festem Sitz nicht störend auftritt. Bei den Feinpassungen für festen- und Schiebesitz können dagegen

Allgemeine Grundsätze über die Bestimmung der Grenzlehren. 107

merkbare Nachteile auftreten, besonders bei den kleineren Durchmessern unter 10 mm.

Obgleich die vorhin besprochenen Meßunterschiede bei Herstellung der Lehren in vielen Fällen nicht vernachlässigt werden dürfen, so spielen dieselben doch eine viel geringere Rolle als die Ausgangs- oder Eichtemperatur der Lehren.

Als Ausgangstemperatur wäre die für Deutschland gesetzlich festgesetzte Temperatur von $0°$ anzunehmen, welche dem metrischen System zugrunde liegt und welche von der Physikalisch-Technischen Reichsanstalt in Charlottenburg stets als Ausgangspunkt benutzt wird. Der Normaliensausschuß der deutschen Industrie arbeitet ebenfalls darauf hin, daß diese Temperatur allgemein als Eichtemperatur dient.

Dennoch legen viele Meßwerkzeugfabriken ihren Lehren die Gebrauchstemperatur von $62°$ Fahrenheit oder auch $19°C$ zugrunde, obgleich kein Grund vorliegt, von der gesetzlichen Eichungstemperatur abzuweichen.

Es bleibt natürlich ganz ohne Einfluß auf die Prüfung der Einzelteile, ob die dazu benutzten Lehren bei $0°$ oder einer anderen Temperatur das vorgeschriebene Lehrenmaß haben; Bedingung bleibt nur, daß alle Lehren die gleiche Ausgangstemperatur haben. Wenn daher in einem Betriebe der größte Teil der vorhandenen Lehren die Ausgangstemperatur von z. B. $19°C$ hat, so kann man nicht einem Teil dieser Lehren, die erneuert oder nachgeprüft werden sollen, eine andere Ausgangstemperatur geben, weil sonst Fehler entstehen können, die größer sind als der Genauigkeitsgrad der Lehren von 1 bis 2/1000.

Rechnet man die thermische Ausdehnung für gehärteten Stahl $= 0{,}011$ mm für 1 m und $1°C$, so wird ein Endmaß von 100 mm, welches bei $0°$ geeicht ist, bei einer Temperatur von $19°C = 100 + \dfrac{19 \cdot 0{,}011}{10} = 100{,}0209$ mm haben, während bei den Endmaßen der Genauigkeitsgrad auf 1/100000 der Länge, also bei einem Maß von 100 mm auf 1/1000 mm garantiert wird; durch den Temperaturunterschied wird die Ungenauigkeit aber bereits auf 20,9/1000 erhöht.

Es würde demnach in solchen Fällen ganz zwecklos sein, den hohen Genauigkeitsgrad der Lehren einzuhalten. Deshalb bleibt streng zu beachten, daß bei neu angefertigten Lehren,

108   Die Grenzlehren, ihre Bestimmung und Anwendung.

oder falls solche bestellt werden, die Ausgangstemperatur vorgeschrieben wird, wenn es sich um ganze Lehrsätze oder um Einzellehren handelt. Werden zugehörige Einzelteile noch anderweitig angefertigt, so muß über die Ausgangstemperatur der Lehren vorher Verständigung erreicht werden.

Handelt es sich dagegen um Ersatzlehren, so müssen diese bei derselben Ausgangstemperatur wie die Originallehren angefertigt werden. Keinesfalls dürfen für Messungen eines Einzelteiles Lehren von verschiedenen Ausgangstemperaturen benutzt werden, da dann der Fehler in den Lehren schon größer ausfallen kann als der Genauigkeitsgrad der Lehren beträgt. Es wäre außerdem zu empfehlen, wenn jeder Lehre die Ausgangstemperatur aufgestempelt würde, ebenso wie jeder Lehre das Plus- und Minusgrenzmaß eingestempelt wird, und außerdem die Lehren-Nr., vielfach auch noch eine kurze Bezeichnung des zu lehrenden Einzelmaßes. Durch Einstempelung der Ausgangstemperatur würde nicht nur jeder Irrtum ausgeschlossen, sondern die Lehrenfabriken wären auch gezwungen, Nachfrage zu halten, wenn es versäumt sein sollte, die Ausgangstemperatur anzugeben.

3. Bestimmung der Grenzlehren und Lehrgeräte tolerierter Einzelteile an Übungsbeispielen.

Nach dieser allgemein gehaltenen Betrachtung über das Wesen der Grenzlehren, deren Bestimmung und Anwendung, sollen jetzt für die in den früheren Beispielen tolerierten Einzelteile die zugehörigen Grenzlehren bestimmt werden. Es können hier nur die lehrreichsten Fälle in Betracht kommen, die als Grundlage für ähnliche Ausführungen dienen; und ebenso sollen verschiedene Meßmethoden mit Sondermeßgeräten kurz besprochen werden.

Die anschließende Lehrenbestimmung für die in den Übungsbeispielen tolerierten Einzelteile geht von der Voraussetzung aus, daß bei den gelehrten Teilen die Toleranz voll ausgenutzt wird, so daß also die Plusrachenlehren je nach Größe 1 bis 5/1000 größer und die Minusrundlehre 1 bis 5/1000 kleiner als das betreffende Zeichnungsgrenzmaß gehalten ist.

Für die in Abbildung 1 dargestellte Spindel sind nachstehende Grenzlehren erforderlich:

Bestimmung der Grenzlehren und Lehrgeräte tolerierter Einzelteile. 109

1. Für das Gesamtmaß 100 ± 0,25 = −99,75 und 100,255
2. „ „ Einzelmaß 50 ± 0,1 = −49,9 „ +50,103
3. „ „ „ 20 ± 0,05 = −19,95 „ +20,051
4. „ „ „ 30 ± 0,1 = −29,9 „ +30,102

Die unter 1, 2 und 4 genannten Lehren sind einfache Rachenlehren mit der Plusseite und der Minusseite auf je einer Seite des Rachens. Die unter 3 genannte Lehre ist ein Flachkaliber mit einerseits Plus- und andererseits Minusmaß.

Bei dem in Abb. 2 dargestellten Steuerhebel werden nach der Arbeitsliste Abb. 3 die Arbeitsstufen 2, 7, 11, 12, 15 und 16 gelehrt.

In Stufe 2 wird das Maß für die Hebelbreite an der Bohrung gelehrt. Die Rachenlehre hierfür hat −44,9 und +45,102.

In Stufe 7 wird die geriebene Bohrung vom Toleranzmaß 20 ± 0,1 gelehrt. Die Rundlehre hierfür hat −19,898 und +20,1. Die Toleranz dieser Bohrung entspricht nicht der normalen Bohrung nach Tabelle 1, weil die zugehörige Achse in den normalen Bohrungen des Gußgehäuses, welches den Hebel aufnimmt, eine andere Passung, nämlich Schiebesitz hat, und dann auch, weil eine gewisse Abnutzung der Reibahle zugelassen werden soll.

Zur Arbeitsstufe 11 und 12 dient außer einem Flachkaliber Nr. 11 zum Prüfen der Schlitzbreite vom Toleranzmaß 15,5 ± 0,1, dessen Minusmaß −15,398, und dessen Plusmaß 15,6 beträgt, noch ein Lehrgerät Nr. 11a, um die symmetrische Lage des Schlitzes zur Mittellinie des Hebels festzustellen.

Die Bestimmung der Lehrenmaße für dieses Lehrgerät hat wieder eine gewisse prinzipielle Bedeutung für alle derartigen Meßgeräte, weshalb eine eingehendere Besprechung erforderlich wird.

Dieses Lehrgerät ist in Abb. 40 schematisch dargestellt und besteht aus einer Grundplatte, auf welcher ein Aufnahmedorn *(d)* mit Spannmutter für die Bohrung des Hebels angeordnet ist.

Die Stellung des aufgesteckten Hebels wird durch eine Aufnahmefläche *(a)* am Dorn (Bund) begrenzt, gegen welche der Hebel immer fest gegengedrückt wird. Als Aufnahmefläche am Hebel dient eine der in Stufe 2 gelehrten Seitenflächen.

Auf der Grundplatte des Lehrgerätes sind zwei Schieber *e* und *f* angebracht, welche je in den betreffenden Schlitz des aufgesteckten Hebels eingeführt werden können. Die untere Fläche der Schieber dient als Meßfläche und erhält einen Absatz *(b* und *c)* für die nach der Toleranzzeichnung zulässigen Mittenabweichung des Schlitzes von der Mittellinie des Hebels.

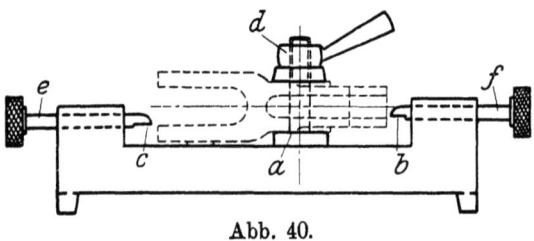

Abb. 40.

Es fragt sich jetzt, um wieviel ist die Meßfläche des Schiebers abgesetzt, damit die zulässige Mittenabweichung geprüft werden kann.

Auch bei dieser Feststellung müssen wir von ähnlichen Voraussetzungen ausgehen, wie bei der Bestimmung der Grenzmaße. Wir müssen die ungünstigsten Grenzfälle festlegen.

Die größte Mittenabweichung wird stattfinden einmal beim Minusmaß der Schlitzbreite und dem Plusmaß der Hebelbreite von der Mittellinie aus gerechnet. Demnach muß die Meßfläche b des Schiebers $22{,}55 - 7{,}7 = 14{,}85$ über der Auflagefläche a für den Hebel am Aufnahmedorn (Bund) liegen.

Die größte Mittenabweichung im anderen Grenzfalle findet statt beim Plusmaß der Schlitzbreite und dem Minusmaß der Hebelbreite von der Mittellinie aus. Demnach muß die tiefste Meßfläche des Schiebers $22{,}45 - 7{,}8 = 14{,}65$ über der vorhin genannten Auflagefläche a des Aufnahmedornes liegen. Der Absatz, welchen der Schieber an seiner Meßfläche erhält, wird somit $14{,}85 - 14{,}65 = 0{,}2$ betragen.

Wir haben demnach auch in diesem Lehrgerät eine Grenzlehre, um die in der Toleranzzeichnung festgelegte Mittenabweichung des Hebels zu prüfen. Die vordere, abgesetzte Meßfläche b muß stets in den Schlitz eingeführt werden können, während der hintere Teil höchstens anfassen darf.

Derartige Lehren, welche die symmetrische Lage eines Ansatzes, Schlitzes oder dgl. bestimmen, haben sowohl im allgemeinen Maschinenbau als auch in der Feinmechanik sehr große Verbreitung. Sie müssen in erster Linie so durchgebildet sein, daß die zu messenden Teile absolut sicher und leicht einzuspannen sind. Deshalb muß man immer von zwei zueinander rechtwinkelig liegenden Flächen ausgehen und muß das zu messende Teil an diesen Aufnahmeflächen bei der Messung aufnehmen, ebenso wie man auch bei der Bearbeitung des Teiles sich schon in den ersten Arbeitsstufen eine Aufnahmefläche schafft, von welcher dann die weitere Bearbeitung ausgeht. Wir hatten bei dem besprochenen Hebel schon in Stufe 2 die lehrenhaltige Fläche an der Bohrung und dann in Stufe 7 die Bohrung selbst fertiggestellt. Von hier aus wurde die weitere Bearbeitung stets aufgenommen. Für das Messen des Schlitzes kommt die Fläche an der Bohrung und die Bohrung selbst als Aufnahmefläche in Frage, und in der Lehre sind dann von diesen Aufnahmeflächen ausgehend die gewählten Toleranzen, in diesem Falle am Schieber, festzulegen. Die Toleranz der Hebelbreite betrug ± 0,1 und die Toleranz der Schlitzbreite ebenfalls ± 0,1; beide Toleranzen sind in dem abgesetzten Teil des Schiebers festgelegt; der Absatz betrug 0,2 oder die Summe der vorhin genannten Toleranzen von der Mittellinie aus gerechnet.

Die in der Lehre festgelegte Toleranz ergab sich in den äußersten Grenzfällen aus den Maßunterschieden zwischen der Aufnahmefläche und der Lehrfläche. Beim Hebel lag der eine Grenzfall dann vor, wenn der Hebel seine Plusbreite und der Schlitz sein Minusmaß von der Mittellinie aus gerechnet hatte; der andere Grenzfall trat ein, wenn der Hebel seine Minusbreite und der Schlitz sein Plusmaß hatte.

Nach diesen Gesichtspunkten muß bei der Bestimmung ähnlicher Lehrgeräte immer vorgegangen werden, damit die in der Mittenabweichung und der Gesamtbreite zusammen gewählte Toleranz eingehalten wird.

Der in Abb. 2 dargestellte Steuerhebel wird dann noch in Stufe 15 beim Ausstoßen des Gabelschlitzes in ganz ähnlicher Weise gelehrt, wie dies vorhin besprochen wurde. Für den Schlitz selbst dient ein Flachkaliber von den Grenzmaßen — 30,798 und + 31,2 und für die symmetrische Lage des Schlitzes ist auf dem vorhin besprochenen Lehrgeräte ein zweiter Schieber e angebracht, gegenüberliegend dem ersten, dessen Meßfläche ähnlich abgestuft ist.

Wir legen wieder bei dem einen Grenzfall die größte Hebelbreite von der Mittellinie = 22,55 zugrunde, und die Minusschlitzbreite von der Mittellinie aus gerechnet = 15,4. Demnach liegt die Lehrfläche c des Schiebers 22,55 — 15,4 = 7,15 über der Auflagefläche a des Aufnahmedorns.

Der andere Grenzfall liegt vor beim schmalsten Hebel = 22,45 und der Plusschlitzbreite von der Mittellinie aus gerechnet = 15,6. In diesem Falle liegt die Lehrfläche des Schiebers e 22,45 — 15,6 = 6,85 über der Auflagefläche des Hebels und der Absatz am Lehrschieber beträgt demnach 7,15 — 6,85 = 0,3.

Wir sehen aus dem Vorstehenden, daß das Festlegen der in den Toleranzzeichnungen gewählten Toleranzen in der Lehre sehr einfach ist; bei schwierig erscheinenden Fällen muß man nur von den richtigen Voraussetzungen ausgehen.

In Nr. 16 der Arbeitsliste, Abb. 3, wird dann der Steuerhebel an der unteren Stirnfläche auf bestimmte Länge und unter einem bestimmten Winkel angefräst.

Die hierzu erforderliche Lehre ist ähnlich wie Lehre Nr. 11a und 15a. Auf einer Grundplatte, welche den Aufnahmedorn für den Hebel trägt, ist wieder ein Schieber angebracht, dessen eine Lehrfläche um die Summe der beiden Einzelplusmaße 135,2 + 6,1 = 141,3 vom Mitte-Aufnahmedorn entfernt ist. Man kann hiermit die Pluslänge des Hebels feststellen. Der Schieber erhält ebenfalls einen Absatz für das Minusmaß, und dies wird bestimmt, indem man von dem Maß 141,3 die Summe der beiden Einzelminusmaße abzieht gleich 141,3 — (134,8 + 5,9) = 0,6. Für die Feststellung des Winkels können zwei senkrecht beweglich übereinanderliegende Schieber mit der entsprechenden Schräge angebracht werden. Jeder dieser Schieber hat eine Schräge für den Plus- und Minuswinkel. Man kann auch den Winkel durch eine einfache Flachlehre bestimmen, welche den Winkel und die Entfernung von oben mißt, indem man die Lehre auflegt und gegen das Licht hält.

Derartige Messungen, wie die Länge des Hebels vom Drehpunkte und der Winkel an der Stirnfläche lassen sich durch das erwähnte Lehrgerät nur von einer geschulten Person ausführen, welche beim Messen auch etwas nachdenken muß. Hierdurch können aber leicht Fehler entstehen. Es empfiehlt sich daher, derartige Messungen mit dem Minimeter auszuführen. Der Hebel

Bestimmung der Grenzlehren und Lehrgeräte tolerierter Einzelteile. 113

wird hierbei ebenfalls in der Bohrung aufgenommen und seitwärts durch Anschläge begrenzt. Der Tastbolzen des Minimeters ist mit einem Meßstück versehen, welches nach dem Plusmaß des Winkels abgeschrägt ist. Zum Einstellen dient dann ein Kontrollstück nach den Minusmaßen. Der Ausschlag des Minimeters kann so viel über das Minusmaß erfolgen, als die Toleranz von Mitte Bohrung bis zur Abschrägung beträgt = 0,4. Auch die Gesamtlänge des Hebels von $135 \pm 0,2$ und $6 \pm 0,1$ läßt sich mit dem Minimeter schneller und leichter feststellen als mit einem Lehrgerät. Wir kommen auf ähnliche Minimetermessungen noch ausführlich zu sprechen.

Hiermit sind sämtliche Lehren für den in Abb. 2 dargestellten Steuerhebel besprochen.

Als weiters Beispiel für die Lehrenbestimmung dient die in Abb. 5/6 tolerierte Achse.

Für die Prüfung des Grenzmaßes $202 + 0,2$ empfiehlt es sich, ein Minimeter zu wählen. Die Achse wird durch ein Loch des Meßtisches gesteckt, so daß die Bundfläche, von welcher das Maß ausgeht, auf dem Meßtische aufliegt. Der Tasthebel wird an einem Kontrollstück auf 202 über Meßtisch eingestellt, so daß dann der Zeiger 0,2 Ausschlag haben kann.

Für das Maß $10 \pm 0,05$ wird eine Rachenlehre von $-9,95$ und $+10,051$ erforderlich.

Zur Prüfung des Grenzmaßes $62,7 + 0,1$ wird der zur Achse gehörige oder auch ein beliebiger lehrenhaltiger Stellring auf die Achse geschraubt und der Zwischenraum zwischen Bund und Stellring mit einem Flachkaliber gemessen. Das den gewählten Toleranzen entsprechende Grenzmaß des Flachkalibers ergibt sich aus den beiden Grenzfällen und zwar für die Plusseite, wenn man von dem Plusmaß bis Mitte Bohrung = 62,8 den halben schmalsten Stellring = $\frac{24,9}{2}$ abzieht, also $62,8 - 12,45 = 50,35$ und für die Minusseite, wenn man von dem Minusmaß 62,7 den halben breitesten Stellring abzieht = $62,7 - 12,55 = 50,15$. Die Flachlehre wird demnach $+ 50,347$ und $- 50,15$.

Ist für die Schraubenbohrung des Stellringes noch eine bestimmte Mittenabweichung zulässig, so wird diese ebenfalls im Plus- und Minusmaß der Lehre festzulegen sein in ähnlicher Weise, wie dies bei dem Steuerhebel besprochen wurde.

Außerdem sind noch Rachenlehren erforderlich für den Bunddurchmesser von $+ 50{,}003$ und $- 49{,}9$, ferner für den Durchmesser $30\,f$ und $30\,s$, sowie eine Rundlehre von $30\,n$ für die Stellringbohrung.

Zur Prüfung der in Abb. 7/8 dargestellten Achse sind ähnliche Meßgeräte erforderlich. Die Gesamtlänge $260{,}5 \pm 0{,}25$ wird mit dem Minimeter gemessen, welches auf 260,25 einzustellen ist; der Zeiger kann dann einen Ausschlag von 0,5 haben. Für diese große Toleranz wird in der Regel eine entsprechend ausgebildete Rachenlehre zweckmäßiger sein, da Minimeter in erster Linie für kleine Maßunterschiede bestimmt sind. Durch Regulierung der Übersetzung läßt sich aber auch der Meßbereich jedes Minimeters in gewissen Grenzen verstellen.

Das Einzelmaß $50{,}3 \pm 0{,}1$ wird in derselben Weise durch Minimeter bestimmt. Man benutzt zu diesem Zwecke einen Meßtisch mit der Bohrung 25,2, so daß die Achse von unten eingeführt werden kann, und der Bund der Achse unter der Meßplatte zur Anlage kommt. Der Tasthebel wird dann auf 50,2 von der geschliffenen Unterkante der Meßplatte eingestellt und der Zeiger kann 0,2 Ausschlag haben.

Bei dieser Art Messung ist zu beachten, daß die Achse mit der betreffenden Bundfläche immer gegen Unterkante Meßtisch anliegt; man erreicht dies am besten, indem man die Achse am anderen Ende durch Feder- oder Gewichtsbelastung nach oben drückt.

Für das Maß $200{,}2 \pm 0{,}1$ kann dieselbe Einrichtung benutzt werden, man stellt das Minimeter auf das Minusmaß 200,1 ein und prüft innerhalb eines Zeigerausschlages von 0,2. Bundstärke und Achsenstärke erhalten wieder die Lehrenmaße $+ 10{,}051$ und $- 9{,}95$ bzw. $30\,f$ und $25\,l$. Die nach Abb. 9/10 tolerierte Achse bietet gegenüber den vorherigen Beispielen nichts Neues.

Auch zur Prüfung der in Abb. 11/12 dargestellten Achse können wieder Minimeter zweckmäßig benutzt werden. Für die Länge $63{,}3 + 0{,}1$ wird ein Meßtisch mit Bohrung von 25,2 benutzt, wie bei den früheren Achsen, so daß die Bundfläche von unten an der Meßfläche zur Anlage kommt. Der Ansatz am anderen Ende wird ebenso gemessen.

Zum Messen der Länge $225{,}25 + 0{,}1$ wird die Achse auf die Meßplatte gebracht, so daß der Bund oberhalb der Platte

Bestimmung der Grenzlehren und Lehrgeräte tolerierter Einzelteile. 115

zur Auflage kommt. Dann wird über das andere Ende eine Meßhülse mit einem geschlossenen Boden gesteckt. Wenn die Meßhülse z. B. das genaue Maß 30 hat, so wird das Minimeter auf $30 + 225{,}25$ eingestellt und dem Zeiger 0,1 Ausschlag zugelassen. Auch das Gesamtmaß $315{,}35 \, {}^{+\,0{,}25}_{-\,0{,}15}$ mißt man in bekannter Weise mit dem Minimeter.

Für die Bestimmung der Durchmesser für Wellen haben wir die zu der betreffenden Passung gehörigen Grenzrachenlehre benutzt und falls es sich um anormale Durchmesser handelt, wurde die erforderliche Grenzlehre bestimmt. Wir hatten bereits

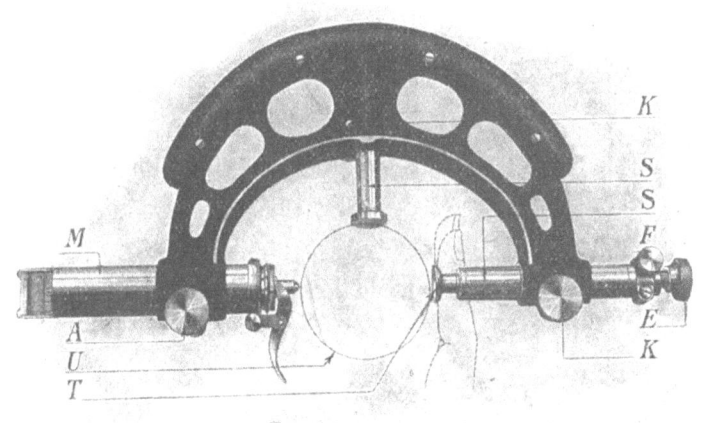

Abb. 41.

hervorgehoben, daß diese Lehren bei größeren Durchmessern schwer und auch ziemlich kostspielig ausfallen, deshalb empfiehlt es sich, hierfür ebenfalls Minimeter zu verwenden, wodurch die Messung sich sehr leicht und genau ausführen läßt. Abb. 41 zeigt eine Wellenmessung durch Minimeter, welches in einem Rachenbügel eingespannt ist. Auf der anderen Seite des Bügels ist die verstellbare Meßplatte, welche auf das Wellenminusmaß eingestellt wird; man hat dann nur zu beachten, daß der Zeigerausschlag innerhalb des zulässigen Toleranzmaßes bleibt. Zum Einstellen des Minimeters ist ein Endmaß erforderlich.

Die beiden Anschläge werden nach den Skalen S auf den Durchmesser des Normalmaßes U eingestellt und mit den Klemmschrauben K festgeklemmt. Hierauf wird das Minimeter M bis auf das Normalmaß U hereingeschoben und mit der Klemmschraube A festgeklemmt.

Die Feineinstellung erfolgt mit der Einstellschraube E und wird fixiert durch die Fixierschraube F.

Feineinstellung und Messung werden am genauesten, wenn der Bügel wagrecht auf den Zylinder aufgelegt und der Teller T mit Zeige- und Mittel-Finger an den Zylinder angepreßt wird.

Durch einen derartigen Rachenbügel mit Minimeter lassen sich Durchmesser verschiedener Größe bestimmen, so daß diese Meßeinrichtung auch sehr preiswert ist.

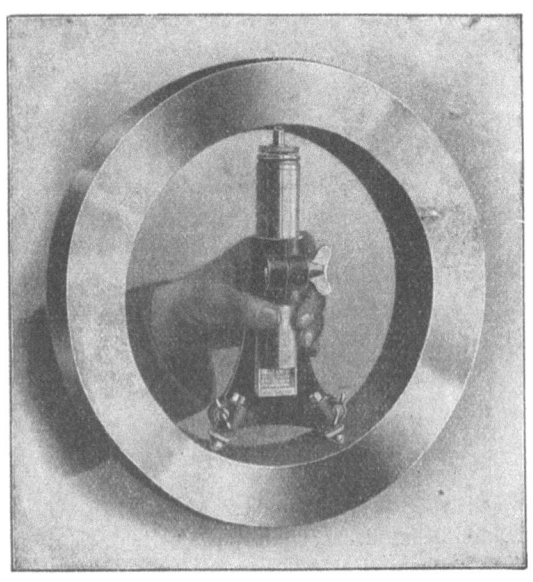

Abb. 42.

In Abb. 42 wird das Messen einer Bohrung durch Minimeter dargestellt. Diese Messung beruht auf dem Prinzip, daß ein Kreisdurchmesser vollständig bestimmt ist, wenn drei Punkte des Umfanges bekannt sind.

Zu diesem Zwecke wird das Minimeter in ein entsprechendes

Bestimmung der Grenzlehren und Lehrgeräte tolerierter Einzelteile. 117

Aufnahmestück mit zwei Meßfüßen gespannt und in einem Lehrring von dem gewünschten Minusmaß eingestellt. Die Zeigerstellung darf dann nicht über die zulässige Toleranz hinausgehen.

Die in Abb. 43 dargestellte Meßvorrichtung zeigt das Messen des Gewindeflanken-Durchmessers durch Minimeter. Diese Art der Messung ist in vielen Fällen dem Prüfen durch Flankenmikrometer vorzuziehen. Wir möchten aber auch hier auf das bei Abb. 20 über Gewindemessung Gesagte hinweisen.

Auf weitere Messungen durch Minimeter können wir hier nicht ausführlicher eingehen, obgleich sich dadurch recht lehrreiche Beispiele ergeben würden.

Eine Lehre, welche im allgemeinen Maschinenbau und auch sonst in der Feinmechanik sehr oft gebraucht wird, ist die zu Abb. 13 gehörige Grenzlehre für die Entfernung der beiden Bohrungen in der Verbindungslasche; auch die Mittenentfernung zweier Zahnräder, oder verschiedener Bohrungen, deren Mittenentfernung innerhalb gewisser tolerierter Maße liegen, können durch ähnliche Grenzlehren bestimmt werden.

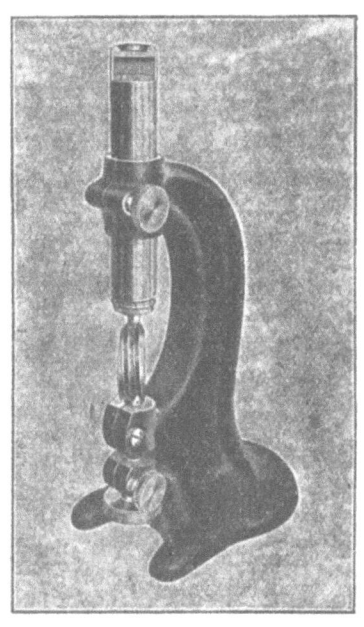

Abb. 43.

Wir wissen, welche große Bedeutung die Mittenentfernung der beiden Bohrungen in den Laschen nach Abb. 13 und 14 hat. Schon die Bestimmung der Toleranz dieser Entfernung erforderte eine recht vielseitige Beachtung. Wir haben bei der Besprechung alle Einzelheiten untersucht und gefunden, daß auch in den ungünstigsten Grenzfällen sich die beiden Bolzen in die Laschen einführen lassen müssen, wenn die Austauschbarkeit gesichert sein soll. Die erste Bedingung hierfür ist, daß diese äußersten Grenzfälle nie über bzw. unterschritten werden, und dies läßt sich nur durch Prüfung der Einzelteile mit Grenzlehren erreichen.

118 Die Grenzlehren, ihre Bestimmung und Anwendung.

Die Grenzlehren zur Prüfung der Bohrungen und Zapfendurchmesser bedürfen wohl weiter keiner näheren Erläuterung; dies sind gewöhnliche Rachen- und Rundlehren nach Abb. 29 und 30. Bezüglich der Lehrenmaße ist das vorhin Gesagte zu beachten; demnach werden die Minuskaliber $^1/_{1000}$ kleiner als das Zeichnungstoleranzmaß gehalten und die Plusrachen $^1/_{1000}$ größer.

Die Bestimmung dieser Lehren macht nicht die geringsten Schwierigkeiten; wir können die Maße direkt der Toleranzzeichnung entnehmen und das Minuskaliber um $^1/_{1000}$ kleiner, die Plusrachenlehre um $^1/_{1000}$ größer halten. Pluskaliber und Minusrachen bleiben gleich dem Zeichnungstoleranzmaß.

Außer den genannten Rachen- und Rundlehren zum Messen der Bohrungen und Zapfendurchmesser wird noch eine Grenzlehre für die Mittenentfernung der beiden Bohrungen erforderlich. In dieser Lehre sind festzulegen, einmal die gewählte Toleranz der Bohrungen und dann auch die Toleranz der Mittenentfernung dieser Bohrungen. Die Bestimmung dieser Lehren ist daher nicht so ohne weiteres angängig, wie dies bei den Rund- und Rachenlehren der Fall war.

Wir müssen hierbei ebenfalls die äußersten Grenzfälle der Lochentfernung bei der Lasche feststellen und hierfür die Lehrenmaße bestimmen.

Diese äußersten Grenzfälle sind das kleinste Außenmaß und das größte Innenmaß zwischen den äußeren bzw. inneren Lochkanten.

Die Lehre wird als Zapfenlehre nach Abb. 44 ausgebildet, so daß zum Messen des kleinsten Außenmaßes die äußeren Zapfenflächen vom Maß „a" und für das größte Innenmaß die inneren Zapfenflächen vom Maß b in Betracht kommen.

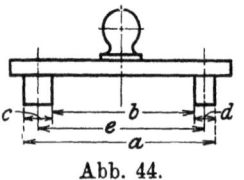

Abb. 44.

Es bleibt demnach zu bestimmen
1. die Stärke der Zapfen c und d
2. deren Mittenentfernung,

damit die für beide äußersten Grenzfälle gestellte Bedingung erfüllt wird.

Hiernach muß zuerst untersucht werden, in welchem Falle sich das kleinste Außenmaß ergibt.

Unter der Annahme, daß die Mittenentfernung der Bohrungen

Bestimmung der Grenzlehren und Lehrgeräte tolerierter Einzelteile. 119

einer Lasche nach Abb. 13 oder eines ähnlichen Einzelteiles das Toleranzmaß $100 \pm 0{,}1$ hat und die beiden Bohrungen $20 \pm 0{,}2$ und $10 \pm 0{,}1$ sein sollen, ergibt sich dann folgende Feststellung:

„Das kleinste Außenmaß ergibt sich bei einem derartigen Einzelteil dann, wenn die Minusmittenentfernung und die Minuslöcher zusammentreffen."

Die Minusmittenentfernung $= 99{,}9$; Radius der kleinsten Löcher $= \dfrac{19{,}8 + 9{,}9}{2} = 14{,}85$, $99{,}9 + 14{,}85 = 114{,}75$ muß demnach das äußerste Maß (a) der Lehre über die Zapfen gemessen sein, und man mißt hiermit den einen äußersten Grenzfall, nämlich die Minusmittenentfernung bei den Minuslöchern.

Der andere Grenzfall, nämlich das größte Innenmaß ergibt sich bei der Plusmittenentfernung und den Minuslöchern, also bei $100{,}1 = \dfrac{19{,}8 + 9{,}9}{2} = 85{,}25$. Das Maß ($b$) zwischen dem Zapfen der Lehre muß demnach $85{,}25$ sein.

Hiernach haben wir eine Zapfenlehre zu bestimmen, deren Maß über die Zapfen gemessen $= 114{,}75$ und deren Maß innerhalb der Zapfen $85{,}25$ beträgt. Es ist aber vorläufig weder Zapfenstärke noch Zapfenentfernung bekannt, sondern nur die Summe beider Zapfendurchmesser $= 114{,}75 - 85{,}25 = 29{,}5$.

Nehmen wir als erste Annahme, daß der eine Zapfen höchstens so stark sein darf, als das Minusmaß der betreffenden Bohrung, z. B. $= 9{,}9$, dann bleibt für den anderen Zapfen $29{,}5 - 9{,}9 = 19{,}6$ übrig.

Wenn wir jetzt die vorhin gestellte Bedingung einhalten wollen, daß die Entfernung (a) über die Zapfen gemessen $114{,}75$ und zwischen den Zapfen (b) gemessen $85{,}25$ sein muß, bei einem Zapfendurchmesser von $9{,}9$ bzw. $19{,}6$, so finden wir, daß diese Bedingung erfüllt wird bei einer Mittenentfernung von 100.

Bei näherer Betrachtung der so gefundenen Werte für die Zapfendurchmesser und die Mittenentfernung ergeben sich folgende allgemein gültige Fälle:

1. Der eine Zapfendurchmesser ist gleich dem Minusgrenzmaß der betreffenden Bohrung ($9{,}9$).

2. Der zweite Zapfen ist gleich dem Minusgrenzmaß der anderen Bohrung vermindert um die Toleranz der Mittenentfernung $= 20 - 0{,}2 - (\pm 0{,}1) = 19{,}6$.

3. Die Mittenentfernung ist gleich dem dafür festgelegten Normalmaß.

Bei der Bestimmung der Lehrenmaße für eine Lochlehre nach Abb. 13 kann daher in allen Fällen nach diesen drei Grundregeln vorgegangen werden; worauf dann die Kontrolle zu machen ist, ob in den ungünstigsten Grenzfällen die Bedingung erfüllt ist, d. h. ob das kleinste Außenmaß und das größte Innenmaß beim Einzelteil gleich dem Maß über die Zapfen bzw. zwischen den Zapfen bei der Lehre ist.

Mit einer derartig bestimmten Grenzlehre sind die Mittenentfernungen zweier Bohrungen in beiden äußersten Grenzfällen leicht zu prüfen, denn die Lehre muß sich stets in beide Bohrungen gleichzeitig einführen lassen. Ist dies nicht der Fall, so ist die Mittenentfernung der Löcher entweder größer oder kleiner als das Toleranzmaß dafür und das Stück ist Ausschuß.

Diese Lehre findet so vielseitige Verwendung, daß wir deren nochmalige eingehende Besprechung bei der Doppellasche Abb. 14 für nötig halten.

Die Grenzlehre zum Messen der Mittenentfernung für die beiden Bohrungen der in Abb. 14 dargestellten Laschen wird ebenfalls nach den vorhin entwickelten Grundsätzen bestimmt. Der Durchmesser des einen Lehrzapfens ist demnach gleich dem Minusdurchmesser der betr. Bohrung, während der Durchmesser des anderen Lehrzapfens gleich dem Minusmaß der betr. Bohrung vermindert um die Toleranz der Mittenentfernung ist. Das Maß für die Mittenentfernung wird gleich dem Normalmaß.

Eine derart bestimmte Lehre berücksichtigt die beiden Grenzfälle, welche sich aus den Toleranzen der beiden Bohrungen und der Mittenentfernung ergeben können, nämlich:

1. Die kleinste Entfernung zwischen Außenkante Löcher, welche sich ergibt bei der Minusmittenentfernung und den Minus-Löchern und

2. die größte Entfernung zwischen Innenkante Löcher, welche sich ergibt bei der Plusmittenentfernung und den Minuslöchern.

Nach dieser Grundregel wird die für die Laschen der Abb. 14 erforderliche Grenzlehre einen Lehrzapfen von 11,985 Durchmesser haben. Der zweite Lehrzapfen ist gleich dem Minusmaß der betreffenden Bohrung 14,985 weniger die Toleranz der Mitten-

Bestimmung der Grenzlehren und Lehrgeräte tolerierter Einzelteile. 121

entfernung, welche $\pm\, 0{,}1 = 0{,}2$ beträgt, also gleich 14,785. Die Mittenentfernung bleibt gleich dem Normalmaß 100.

Prüfen wir jetzt, ob die derart bestimmte Lehre den in der Toleranzzeichnung bestimmten Toleranzen genügt, so müssen wir zuerst die Maße außerhalb und innerhalb der Lehrzapfen bestimmen. Diese betragen

a) für das Außenmaß:

$$100 + \frac{11{,}985}{2} + \frac{14{,}785}{2} = 113{,}385$$

und b) für das Innenmaß:

$$100 - \left(\frac{11{,}985}{2} + \frac{14{,}785}{2}\right) = 86{,}615.$$

Dies müssen aber gleichzeitig die beiden Grenzmaße für die unter 1 und 2 vorhin genannten beiden äußersten Grenzfälle bei der tolerierten Lasche sein.

Für den unter 1 genannten Grenzfall ergibt sich die Minusmittenentfernung $= 99{,}9$

und die Halbmesser der Minusbohrungen

$$= \frac{11{,}985}{2} + \frac{14{,}985}{2} = 13{,}485,$$

so daß die Summe dieser Werte $99{,}9 + 13{,}485 = 113{,}385$ gleich dem unter „a-" gefundenen Außenmaß der Lehre ist.

Die Prüfung für den unter 2 genannten Grenzfall ergibt für das Plusmittenmaß 100,1 und für die Halbmesser der Minusbohrungen wie vorhin 13,485; so daß die Differenz dieser Maße $100{,}1 - 13{,}485 = 86{,}615$ ist, wie ebenfalls unter „b" für das Innenmaß zwischen den Lehrzapfen der Lehre festgestellt wurde. Die Lehre, welche in Abb. 45 dargestellt ist, genügt demnach für alle Messungen innerhalb der durch die Toleranz der Mittenentfernung und der beiden Bohrungen gegebenen Grenzfälle.

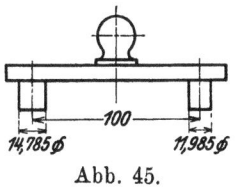

Abb. 45.

Zum Messen der Bohrungen sind noch die Grenzkaliber von $-14{,}984$ und $+15{,}01$, sowie $-11{,}984$ und $+12{,}01$ erforderlich.

Für die Prüfung der zu den Laschen gehörigen Zapfen, deren Grenzmaße in Abb. 14 ebenfalls angegeben, sind noch erforderlich:

Die Grenzlehren, ihre Bestimmung und Anwendung.

1 Grenzlehre + 22,102 — 21,9
1   „   + 14,981 — 14,96
1   „   + 11,981 — 11,96

Die Länge der Zapfen wird vorteilhaft durch Minimeter bestimmt. Für die Gesamtlänge bis zur Abrundung der Endfläche dienen zwei Meßhülsen, welche auf die Zapfen gesteckt werden, deren Bohrungen so ausgespart sind, daß die Zapfen nur an den Kanten aufliegen. Das Minimeter wird dann durch einen in die Meßhülsen eingeführten genauen Kontrollzapfen auf das Minusmaß eingestellt und der Zeiger kann für das Plusmaß einen Ausschlag von 0,6 haben.

Für das Messen dieser Gesamtlänge würde sich auch ebensogut eine Grenzlehre eigenen, da für die große Toleranz von 0,6 das Minimeter besondere kleine Übersetzungen haben muß.

Die mittlere Länge der Zapfen kann ebenfalls mit einer Grenzlehre geprüft werden. Bei Prüfung durch Minimeter benutzt man zwei Meßhülsen, deren Bohrungen etwas tiefer als die Zapfenlänge sind, so daß die Meßhülsen am Ansatze des Zapfens zur Anlage kommen. Durch ein zwischen die Meßhülsen gelegtes Endmaß von 21,9 wird das Minimeter eingestellt; der Zeiger kann dann einen Ausschlag von 0,2 für das Plusmaß haben.

Die Kontrolle der einzelnen Zapfenlängen geschieht durch Minimeter, ähnlich wie früher, indem man die Zapfen von unten in die auf Zapfenstärke durchbohrte Meßplatte steckt. Um die Entfernung von den scharfen Kanten aus messen zu können, wird auf die Zapfen eine Meßhülse mit genau geschliffenem Boden gesteckt, welche wieder in der Bohrung so ausgespart ist, daß nur die Kanten der Zapfen zur Auflage kommen.

Das Minimeter ist wieder durch einen Kontrollzapfen auf das Minusmaß 16,4 bezw. 12,1 einzustellen, und für das Plusmaß erhält der Zeiger 0,2 Ausschlag. Die zu lehrenden Bolzen werden wieder zweckmäßig durch Feder oder Gewicht an die Unterkante der geschliffenen Meßfläche des Meßtisches gedrückt, damit Meßfehler vermieden werden.

Die für derartige Messungen erforderlichen Meßhülsen und dgl. müssen natürlich immer in den Bohrungen für die Plusmaße der betr. Zapfen angefertigt werden; es empfiehlt sich sogar eine gewisse Zugabe, weil die Hülsen sich beim Härten leicht verziehen

Bestimmung der Grenzlehren und Lehrgeräte tolerierter Einzelteile. 123

und auch enger ausfallen können. Derartige Hilfsstücke erleichtern die Messung und sollen möglichst vielseitig angewandt werden; sie können in jedem besseren Lehrenbau selbst angefertigt und müssen natürlich sehr genau geschliffen und durch Minimeter oder dgl. nachgemessen werden.

Die Prüfung der in Abb. 16 dargestellten Zahnräderanordnung erstreckt sich auf die tolerierte Entfernung von Mitte Bohrung für die Welle bis Lagersohle. Zu diesem Zweck wird in die obere Bohrung ein Dorn gesteckt oder geschraubt, worauf ein entsprechend geformter Arm geschoben wird, welcher unten eine Bohrung zur Aufnahme des Minimeters hat. Durch Verschieben dieses Armes auf dem in die obere Bohrung geschraubten Dorn, kann man gleichzeitig feststellen, ob die Lagersohle parallel zur oberen Bohrung ist. Diese Kontrolle ist sehr wichtig, da beim Hobeln der Lagersohle leicht ein Verziehen des Gußstückes eintreten kann; auch kann dasselbe bereits beim Aufspannen schlecht ausgerichtet sein.

Zum Messen der Lagerhöhe für das zugehörige Stehlager kann man ebenfalls ein Minimeter oder ein Endmaß benutzen, indem man diese Höhe von einem in die Bohrung eingesteckten Dorn ausmißt. Für Kranzbreite und Nabenlänge der Zahnräder sowie für Wellen und Bohrungen eignen sich Grenzkaliber oder Rachenlehren am besten, deren Bestimmung in der vorhin besprochenen Weise erfolgt.

Noch eine andere Messung, die vielfach falsch behandelt wird, soll hier kurz erwähnt werden, nämlich ob ein Konus in einer bestimmten Entfernung von einer Ausgangsfläche angedreht ist. Gibt man hierfür, wie allgemein üblich, ein Maß vom Anfang des Schaftes bis dort, wo dieser Konus beginnt an (Maß d Abb. 46), so wird man dies selten

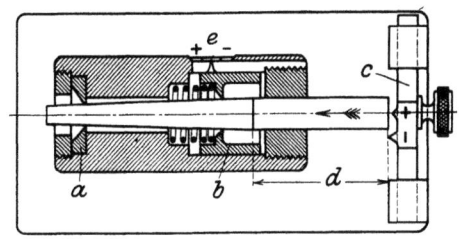

Abb. 46.

durch eine Lehre genau prüfen können, besonders bei so geringen Steigungen wie bei Morsekonen. Deshalb empfiehlt es sich, derartige Prüfungen durch ein Lehrgerät auszuführen, welches in Abb. 46 schematisch dargestellt ist.

Die beiden Meßscheiben a und b sind in einer bestimmten Entfernung im Gehäuse (federnd) gelagert und haben eine der Konizität des zu messenden Schaftes entsprechende Bohrung. Wird der konische Schaft in die beiden Meßscheiben gebracht und in der Pfeilrichtung bewegt, so werden sich diese auf dem Schaft in einer bestimmten Entfernung festsetzen und man kann an einer Skala e mit Plus- und Minusmarke ablesen, ob die Entfernung der beiden Meßscheiben innerhalb der Maßgrenzen liegt, welche der vorgeschriebenen Konizität entspricht. Das aus der Meßscheibe „b" herausragende Schaftende wird durch eine Meßschieber c mit Plus- und Minusmarke innerhalb der vorgeschriebenen Maßgrenzen ebenfalls gemessen. Der konische Schaft ist vollständig bestimmt, wenn zwei bestimmte Durchmesser, die in den Meßscheiben festgelegt sind, in einer bestimmten Entfernung zueinander und vom Ende des Schaftes liegen. Durch das Lehrgerät kann man diese von einander abhängigen Entfernungen leicht mit großer Genauigkeit ablesen.

Aus den vorstehenden Betrachtungen ergibt sich, daß für die Prüfung der Grenzmaße zu den Einzelteilen im Maschinenbau oder in der Feinmechanik in der Regel mehr anormale Lehren gebraucht werden, d. h. solche, deren Meßwerte nicht in der Tabelle 1 enthalten sind. Die anormalen Lehren für die Feinpassungen von Wellen-Bohrungen werden wohl stets nur in geringer Zahl erforderlich sein, und dies muß als ein sehr günstiger Umstand betrachtet werden, denn das Einhalten einer Feinpassung macht wohl jeder Werkstatt ganz erheblich mehr Mühe und erfordert auch geübteres Personal. Dagegen können die Grenzmaße der Einzelteile, welche diese Feinpassung nicht erfordern, viel größere Toleranzen erhalten; die Arbeit in der Werkstatt wird erheblich leichter und billiger. Der geringe Mehraufwand der hierzu erforderlichen anormalen Grenzlehren spielt gar keine Rolle im Vergleich zu den hohen Fertigungskosten der Feinpassungen.

Wir werden in den folgenden Beispielen der Lehrenbestimmung für die früher tolerierten Einzelteile finden, daß hier fast keine Normallehren mehr vorkommen; demnach die Lehrenmaße immer besonders zu bestimmen sind.

Bestimmung der Grenzlehren und Lehrgeräte tolerierter Einzelteile. 125

Die in Abb. 17/18 besprochene und tolerierte Nutenführung hat für die Breite der Gleitbahn das Toleranzmaß 13,5 $^{-0,05}$, die hierzu erforderliche Rachenlehre hat $+$ 13,501 und $-$ 13,45. Abb. 47.

Die Stärke der Gleitbahn ist zu 2,5 $^{-0,05}$ toleriert. Die erforderliche Rachenlehre, Abb. 48, wird $+$ 2,501 und $-$ 2,45. Für das Messen der inneren Gleitbahnbreite von 11 $^{-0,2}$ dient eine Rachenlehre, Abb. 49, von $+$ 11,001 und $-$ 10,98. Diese Lehre hat zweckmäßig tiefe Rachen mit etwa 5 mm langen Meßflächen, damit man die Nuten von den Enden bequem messen kann.

Für die äußere Nutenführung des oberen Teiles wird ein Flachkaliber, Abb. 50, von $+$ 11,3 und $-$ 11,099 erforderlich; außerdem für die innere Nutenführung ein ähnliches Flachkaliber, Abb. 51, von $+$ 13,7 und $-$ 13,599, welches eine Stärke von höchstens 2,5 haben darf, damit es in den Nut eingeführt werden kann. Zur Prüfung der Nutenhöhe dient ebenfalls ein Flachkaliber von $+$ 2,59 und $-$ 2,539. Abb. 52.

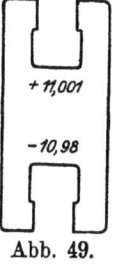

Abb. 49.

Diesen verschiedenartig ausfallenden Rachen- und Flachlehren wird man auch eine entsprechende äußere Form geben, welche von den Grundformen in Abb. 29 und 30 vollständig abweicht. Die Rachenlehren werden aus Flachmaterial hergestellt, man kann

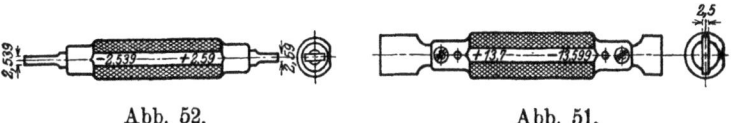

Abb. 52.   Abb. 51.

auch in einer Blechplatte mehrere Rachen anordnen, doch bleibt hierbei zu bedenken, daß bei Abnutzung dann immer die ganze Lehre unbrauchbar wird. Ebenso kann es bei der Anfertigung vorkommen, daß die Lehre reißt und Ausschuß wird, wodurch ebenfalls größerer Verlust entsteht. Die Flachkaliber, Abb. 50, 51 und 52, erhalten auswechselbare Meßstücke, wie die Abbildung zeigt.

Außer den vorher bestimmten Lehren wird noch für die Prüfung der Mittenabweichung je eine besondere Lehre erforderlich, die in Abb. 53 für das Unterteil und in Abb. 54 für das Oberteil wiedergegeben ist. Diese Lehren werden nach den Plusmaßen bzw. Minusmaßen ausgeführt und müssen sich über die Gleitbahn und in die Nutenführung einführen lassen.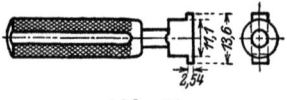

Abb. 53.

Abb. 54.

In diesen Lehren wird die Toleranz der Mittenabweichung festgelegt, und die Prüfung findet derart statt, daß die Lehre einmal mit ihrer Vorderseite und dann umgekehrt mit ihrer Rückseite durch die Nutenführung bzw. über die Gleitbahn geschoben wird. Ist dies in beiden Fällen ausführbar, so ist die zulässige Mittenabweichung eingehalten.

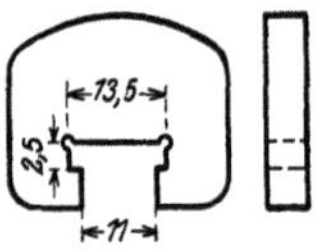

In dem besprochenen Beispiel wird eine Mittenabweichung unter 0,2 nicht mehr in der Lehre zum Ausdruck kommen, weil die Toleranz des 11 mm breiten Nutes bereits 0,2 beträgt, also größer als diese Mittenabweichung ist; wir kommen aber in späteren Beispielen noch ausführlich auf das Lehren der Mittenabweichung zurück.

Für die nach Abb. 19 tolerierte Kammzapfenwelle nebst Lager sind für die Bunde der Welle 4 Rachenlehren erforderlich, und zwar eine für die Bundstärke und 3 für die Entfernung der Bunde vom ersten Anfangsbund. Die Bundstärke ist $5 - 0{,}2$, wir halten die Rachenlehre $+5$ und $-4{,}8$, wodurch das Plusmaß des Bundes etwa 4,999 ausfallen wird, was hier von Vorteil ist, damit Bundbreite und Rille nicht dieselben absoluten Maße im ungünstigsten Grenzfalle haben.

Für die Entfernung des zweiten Bundes dient eine Rachenlehre von $+15$ und $-14{,}8$; für den dritten Bund $+25$ und $-24{,}8$ und für den vierten Bund $+35$ und $34{,}8$. Auch hier sind die Plusmaße gleich dem Zeichnungstoleranzmaß aus dem vorhin genannten Grunde gehalten.

Dann sind noch für die Durchmesser die Rachenlehren $+34{,}902$ und $-34{,}8$, sowie $+24{,}902$ und $-24{,}8$ erforderlich, von welchen die letztere nicht breiter als 4,5 sein darf.

Für die Rillenentfernung des Lagers dienen Flachlehren, deren Meßflächen einen Teil des Kreisbogens der Rille umfassen.

Bestimmung der Grenzlehren und Lehrgeräte tolerierter Einzelteile. 127

Die Breite der Lehre erhält das Plusmaß 5,2 und das Minusmaß 5. Auch hier ist das Minusmaß wieder ausnahmsweise gleich dem Toleranzmaß der Zeichnung, wodurch die Rille etwa 2/1000 breiter ausfallen wird aus denselben Gründen, die vorhin erwähnt wurden.

Für die Prüfung der Rillenentfernungen dienen Flachkaliber, deren Meßflächen ebenfalls ein Teil des Kreisbogens bilden, wie bei der zuletzt besprochenen Lehre. Für den zwischen den Rillen stehengebliebenen Teil des Lagers sind die Lehren ausgespart.

Die Lehrenmaße betragen $+15{,}2$ und -15, $+25{,}2$ und -25, $+35{,}2$ und 35 für die entsprechenden Rillenentfernungen. Auch hier sind Lehrenmaße gleich den Zeichnungsmaßen gehalten aus gleichen Gründen wie bei der Welle.

Zur Prüfung der Durchmesser dient dann noch je ein Grenzkaliber von $25n$ und $35n$, wodurch das mit dem Oberdeckel versehene Lager gemessen wird. Das Kaliber $35n$ ist als Meßscheibe von 4,5 Dicke ausgebildet und man wird gleich vier derartige Minusmaßscheiben in das Lager einlegen, damit das mehrmalige Auseinanderschrauben vermieden wird. Die Meßscheiben erhalten zweckmäßig je eine Bohrung mit Nut, damit sie durch einen entsprechend ausgebildeten Dorn von außen gedreht werden können.

Auch die in beiden letzten Beispielen besprochenen Lehren erfordern besondere Anfertigung mit Ausnahme des einen Grenzkalibers für die Bohrung des Kammzapfenlagers.

Wir finden auch hierdurch die mehrfach gegebene Ansicht bestätigt, daß der weit größte Teil der Grenzlehren anormal sein wird und daher für jeden Fall besonders bestimmt werden muß.

Ganz besonders schwierige Prüfung erfordert das Gewinde, welches in Abb. 20 dargestellt und toleriert wurde. Wir hatten dort nur dem Kern- und Außendurchmesser eine entsprechende Toleranz gegeben; zur Prüfung sind demnach nur Grenzlehren für den Schaft der Spindel und für die Bohrung der Mutter erforderlich.

Diese Prüfung allein gibt aber gar keinen Anhalt über die wichtigsten Größen wie Steigung, Flankenwinkel und Flankendurchmesser. Man prüft das Gewinde daraufhin am einfachsten mit einer Lehrmutter und einem Gewindekaliber nach Abb. 55 und wird in der Regel damit auskommen.

128   Die Grenzlehren, ihre Bestimmung und Anwendung.

Diese Lehrmutter und Kaliber sollte man sich aber niemals selbst anfertigen, selbst im besten Lehrenbau nicht, sondern stets in einer erstklassigen Spezialfabrik bestellen, weil deren Herstellung und Prüfung ganz besondere Meßapparate und Spezialwerkzeuge erfordert.

Abb. 55.

So muß z. B. die Steigung eines Gewindes, besonders wenn dieselbe sehr gering ist, mit einem Projektionsapparat vergrößert werden, wodurch Abweichungen in der Steigung von $1/10$ und $1/100$ mm leicht festgestellt werden könnnn.

Für Gewindemessungen dienen auch die Flankenmikrometer, bei welchen die eine Meßbacke einige in Flanke und Abrundung genau hergestellte Gewindegänge hat, während die Mikrometerspindel eine Meßbacke mit Gewindekonus trägt. Die Skala des Mikrometers ist nach einem Lehrgewinde geeicht, so daß man den gemessenen Flankendurchmesser mit dem theoretischen vergleichen kann.

Bei dieser Art der Kontrolle durch Mikrometer muß der Flankendurchmesser eine bestimmte Toleranz[1]) erhalten, damit die Prüfung innerhalb dieser Toleranz ausfallen kann. Die Prüfung durch Flankenmikrometer kann aber leicht ungenau ausfallen, weil Fehler immer entstehen müssen, wenn das zu messende Gewinde etwas schief eingelegt wird; außerdem läßt sich das Muttergewinde derart überhaupt nicht prüfen. Wir empfehlen deshalb die Prüfung durch Lehrmutter und Gewindekaliber, welche von erstklassigen Firmen zu beziehen sind.

Die Prüfung des Gewindes kann auch durch Minimeter geschehen, wie die Abb. 43 zeigt. Hierbei treten aber dieselben Nachteile wie bei der Mikrometerprüfung auf, und außerdem

---

[1]) Siehe Technisches Hilfsbuch von Schuchardt und Schütte.

muß man noch ein Kontrollgewinde zum Einstellen des Minimeters haben, wodurch die Anschaffungskosten sehr erhöht werden.

Die Prüfung der Einzelmaße in den bisher besprochenen Beispielen war in der Regel mit den bekannten Meßgeräten, den Rachen- und Kaliberlehren leicht durchzuführen, wenn auch einzelne Maße, wie z. B. die Mittenabweichungen, besondere Lehrgeräte erforderten. Das in Abb. 21 dargestellte Gehäuseteil mit verschiedenen Bohrungen, deren gegenseitige Entfernungen toleriert sind, erfordert Lehreinrichtungen besonderer Art, welche recht umständlich ausfallen, wenn eine genaue Kontrolle erfolgen soll. Um eine annähernde Prüfung der gegenseitigen Entfernungen der Bohrungen vorzunehmen, behilft man sich vielfach mit einer Lehre, in welcher die vier Bohrungen eingebaut sind. Das Einzelteil wird in die Lehre eingespannt, und man steckt vier Einzelkaliber durch Lehre und Einzelteil; lassen sich diese Kaliber einführen, so betrachtet man das Einzelteil als gut.

Eine derartige Prüfung muß als sehr mangelhaft bezeichnet werden, denn es wird schwer möglich sein, die Bohrungen in der Lehre so genau in ihrer gegenseitigen Entfernung einzuhalten, als dies der Genauigkeitsgrad einer Lehre erfordert; dann ist es aber wohl kaum möglich, den Meßkalibern diejenige Stärke zu geben, welche den Toleranzen der Bohrung und der gegenseitigen Entfernung entspricht. Wir haben bei der Zapfenlehre zum Prüfen der Mittenentfernung bei den Laschen gefunden, daß schon bei zwei Bohrungen das Bestimmen der Lehre umständlich wird, bei vier Bohrungen werden aber Schwierigkeiten entstehen, welche man zu vermeiden bestrebt sein muß. Wenn man sich deshalb mit einer annähernden Prüfung der Lochentfernungen nicht begnügen kann, so darf dieselbe nicht durch eine Lehre mit vier Einsteckkalibern erfolgen, sondern die Prüfung jeder einzelnen Bohrung muß für sich getrennt geschehen. Wir können uns hierzu wieder in sehr einfacher Weise des Minimeters bedienen.

Das Einzelteil wird hierfür in eine besondere Aufnahme des Meßtisches eingespannt. Man wird in der Regel zwei zueinander rechtwinklig stehende Außenflächen nehmen, von denen die Maße ausgehen, oder man benutzt als Aufnahme eine Bohrung wie im Beispiel der Abb. 21, wenn von dieser Bohrung aus die Entfernungen der anderen Bohrungen festgelegt sind.

Das Einzelteil wird also mit der 8 mm starken Bohrung auf den Aufnahmedorn gesteckt und gegen einen festen Anschlag gespannt. In das zu prüfende Loch wird ein genau passendes Kaliber gesteckt, welches zu beiden Seiten des Gehäuses um ein gewisses Stück herausragt. Auf diese beiden durch das Gehäuse steckenden Dornenden wird je ein Tasthebel der entsprechend eingebauten Minimeter gebracht, welches nach dem Minusmaß an einem Kontrollstück eingestellt ist. Der Ausschlag des Zeigers muß sich dann innerhalb der Toleranz bewegen.

An dem betreffenden Minimeterarm sind außerdem noch zwei Minimeter angeordnet, welche genau um 90° gegen die erstgenannten versetzt sind.

Während man also mit dem erstgenannten Minimeterpaar z. B. prüft, ob die um 12 mm entfernte erste Bohrung von dem 8 mm starken Aufnahmeloch innerhalb der Toleranz ± 0,05 liegt, wird durch die beiden um 90° versetzten Minimeter festgestellt, ob die in der anderen Richtung um 3 mm angegebene Entfernung dieser Bohrung in den Toleranzgrenzen von ± 0,05 liegt. Gleichzeitig läßt sich hierdurch feststellen, ob die Bohrung in beiden Richtungen winklig ist; in diesem Falle wird der Minimeterausschlag bei beiden in einer Ebene messenden Geräten gleich groß sein.

Wird in dieser Weise die Prüfung der einzelnen Bohrungen durchgeführt, so ist die durch das Toleranzmaß gegebene Genauigkeit leicht festzustellen, und die Prüfung geht schnell und mit der erforderlichen Genauigkeit vor sich. Die vier Minimeteraufnahmearme wird man zweckmäßig verstellbar einrichten, damit in einem Geräte alle Bohrungen zu prüfen sind; auch wird man die in der Revision vorhandenen Minimeter stets benutzen können, so daß die Kosten des Prüfapparates nicht erheblich sein werden.

Wenn auch diese Art der Messung sehr einfach ist, so ist aber die gewünschte Genauigkeit nur dann zu erreichen, wenn man für die einzelnen Bohrungen genau passende Einsteckdorne hat. Da die Löcher aber ebenfalls eine gewisse Toleranz haben, so müßte man für jedes Loch eine Reihe verschiedener Dorne haben, und jedesmal den passenden aussuchen. Würde man schwach-konische Dorne verwenden, so sind hierbei Fehler in der Messung nicht zu vermeiden. Der durch den Mangel an

Bestimmung der Grenzlehren und Lehrgeräte tolerierter Einzelteile. 131

passenden Dornen geschaffene Übelstand wird aber aufgehoben, wenn man einen geteilten Dorn von beistehender Ausführung, Abb. 56, verwendet.

Die schwach konischen Enden jedes Dornes werden von jeder Seite in das Einzelteil gesteckt und der mittlere Teil sorgt für gute zentrische Führung. Die aus dem Gehäuse herausragenden Dornenden sind genau zylindrisch, so daß eine genaue Messung gewährleistet wird.

Die Kontrolle der richtigen Lochentfernungen ist eine Messung, die sehr häufig vorkommt, und für welche man leider ebensooft die ungeeignetsten Meßeinrichtungen findet; man kann aber in der vorstehend beschriebenen Weise auch diese Messung sehr leicht und genau ausführen, wenn man die geeignete Einrichtung hat.

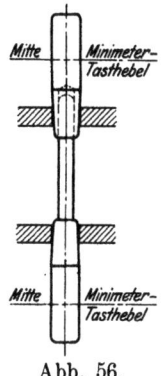

Abb. 56.

Die im Beispiel der Abb. 22 tolerierte Gleitführung bietet in bezug auf die Prüfung der Breite und Stärke der Schienen und Bohrungen nichts Neues; hierfür genügen Grenzrachenlehren und Grenzkaliber, deren Bestimmung in der vorhin besprochenen Weise erfolgt.

Für das mittlere gleitende Teil ist eine Rachenlehre von $+ 29,902$ und $- 29,7$, sowie eine gleiche Lehre von $+ 20,102$ und $- 20$ erforderlich. Damit ist aber noch nicht bestimmt, ob die Zapfen gleichmäßig an jeder Seite vorstehen, oder ob eine gewisse Mittenabweichung eingehalten ist. Hierfür benutzt man am besten eine Absatzlehre.

Die Grenzmaße dieser Lehre ergeben sich wieder aus den äußersten beiden Grenzfällen und zwar für das Plusmaß, wenn man von dem Plusmaß der Gesamtbreite $= 29,9$ das Minusmaß der mittleren Breite $= 20$ abzieht und den Rest halbiert $= \frac{29,9 - 20}{2} = 4,95$. Ebenso ergibt sich das Minusmaß der Lehre, wenn man vom Minusmaß der Gesamtbreite das Plusmaß der mittleren Breite abzieht und den Rest halbiert zu:

$$\frac{29,7 - 20,1}{2} = 4,8.$$

Form und Abmessung dieser Absatzlehre geht aus Abb. 57 hervor.

9*

132 Die Grenzlehren, ihre Bestimmung und Anwendung.

Hiernach ergibt sich eine Mittenabweichung von 0,15 im äußersten Grenzfalle, wenn also der eine Zapfen 4,95 und der andere 4,8 lang wird, die Gesamtbreite 29,85 und die Breite des mittleren Teiles bis 20,1, dem Plusmaß dafür, ausfällt.

Zum Prüfen der Mittenabweichung kann man auch eine Rachenlehre verwenden, wie sie in Abb. 58 dargestellt ist. Die größte Breite des Rachens muß dann für das Plusmaß der Gesamtbreite = 29,902 und die Breite des inneren Rachens für das Plusmaß der mittleren Breite = 20,102 sein. Hiernach wird im Grenzfalle die Mittenabweichung 0,3 betragen, wenn z. B. der eine Zapfen 5 lang ist, die mittlere Breite 20 und die Gesamtbreite 29,7, dann bleibt für den zweiten Zapfen 4,7, was 0,3 Mittenabweichung ergibt.

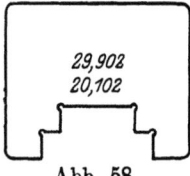
Abb. 57.

Aus diesen beiden Gegenüberstellungen ergibt sich, daß die Mittenabweichung gleich der halben Toleranzsumme

$$= \pm \frac{0{,}1 \text{ und } + 0{,}1}{2} = \frac{0{,}3}{2}$$

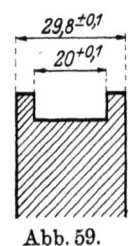
Abb. 58.

wird, wenn die Zapfen durch eine Absatzlehre nach Abb. 57 gemessen werden, deren Grenzmaße nach den beiden Grenzfällen wie oben bestimmt sind. Die Mittenabweichung wird aber gleich der ganzen Toleranzsumme, wenn die Zapfen durch eine Rachenlehre nach Abb. 58 geprüft werden, welche als Lehrenmaße das äußere und innere Plusmaß des besprochenen Einzelteiles hat. Dies trifft in allen ähnlichen Fällen ein, wo es sich um die Feststellung der Mittenabweichung handelt.

Abb. 59 zeigt ein ähnliches Beispiel einer Nutenführung. Wenn die vorherigen Maße beibehalten werden, so sind zur Prüfung erforderlich eine Rachenlehre + 29,902 und − 29,7 und für den Nut eine Flachlehre von + 20,098 und − 20. Bestimmen wir die Mittenabweichung durch eine Rachenlehre nach Abb. 60, welche die seitlichen Ränder mißt, so wird diese Lehre

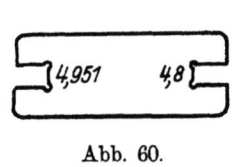
Abb. 59. Abb. 60.

Bestimmung der Grenzlehren und Lehrgeräte tolerierter Einzelteile. 133

$$\frac{29{,}9 - 20}{2} + 0{,}001 = 4{,}951 \quad \text{und} \quad \frac{29{,}7 - 20{,}1}{2} = 4{,}80$$

Rachenbreite erhalten. Die Mittenabweichung ergibt sich demnach zu ∞ 0,15 und wird z. B. bei einer Gesamtbreite = 29,85, Nutenbreite 20,1 und Breite der Ränder 4,95 bzw. 4,8 oder auch bei 29,9 Gesamtbreite und 20,05 Nutenbreite erreicht.

Die Mittenabweichung ist hier wieder gleich der Hälfte der Gesamttoleranz der beiden Maße 29,8 ± 0,2 und 20 + 0,1.

Wird aber die Mittenabweichung durch eine Lehre bestimmt, wie sie Abb. 61 darstellt, so muß diese Lehre als größtes Rachenmaß 29,902 für das Plusmaß der Gesamtbreite haben, während der mittlere Teil für das Minusmaß des Nutes = 20 wird, so daß die seitlichen Einschnitte, welche den lehren Rand = 4,95 werden.

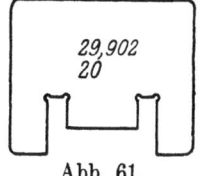

Abb. 61.

Mit dieser Lehre werden aber Teile, die Revision durchgehen, welche z. B. als Gesamtbreite 29,7 als Nutenbreite 20,1 und als Randstärke 4,95 bzw. 4,65 haben, was einer Mittenabweichung von 0,3 entspricht, also gleich der Toleranzsumme der Gesamtmaße; wir haben demnach hier denselben Fall wie oben.

Soll in ähnlichen Fällen eine Mittenabweichung von der halben Toleranzsumme der Einzelmaße nicht überschritten werden, so muß man bei der Bearbeitung des Stückes von einer bestimmten Seite ausgehen; die Arbeitsfolge muß demnach für das Beispiel der Abb. 59 sein: I, Stufe = erste Breitseite anfräsen, II. Stufe = Nutfräsen, III. Stufe = zweite Breiseite fräsen. Als Lehre für die Ränder dient dann eine Rachenlehre nach Abb. 60.

Kann dagegen die Mittenabweichung größer sein bis zur Gesamttoleranz der Einzelmaße, so kann man die Arbeitsfolge beliebig wählen und zum Lehren eine Rachenlehre nach Abb. 61 benutzen. Diese Lehre ist keine Grenzlehre, da sie mehrere Stellen gleichzeitig lehrt.

Muß man im anderen Falle von einer vorgeschriebenen Mittenabweichung ausgehen, so sind hiervon die Toleranzen der Einzelmaße abhängig und man kann hiernach wieder entweder jede Seite einzeln lehren, oder man wählt eine Lehre für die ganze Nutenform. Die vorgeschriebene Mittenabweichung ist dann im ersten Falle gleich die Hälfte der Gesamttoleranz aller

134   Die Grenzlehren, ihre Bestimmung und Anwendung.

bezüglichen Einzelmaße und im anderen Falle ist sie gleich der ganzen Toleranzsumme.

Im Beispiel der Abb. 62 ist ein Einzelteil toleriert, welches mehrere nutenartige Ausfräsungen hat; ähnliche Ausführungen kommen bei Scharniergelenken und dgl. oft vor. Diese Teile müssen stets auswechselbar sein, damit die Nacharbeit vermieden wird.

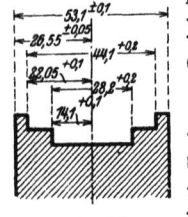

Abb. 62.

Man wird derartige Teile mit mehreren Ausfräsungen so behandeln wie im letzten Beispiel besprochen, und zwar jede Ausfräsung getrennt. Als Lehre für die Mittenabweichung lassen sich entweder zwei Rachenlehren für die Seitenränder oder zwei getrennte Lehren für die ganze Form verwenden, je nach der zulässigen Mittenabweichung. Bei einzelnen Rachen erhalten dieselben Grenzmaße von:

1) $\dfrac{53{,}2 - 44{,}1}{2} = 4{,}55$ und $\dfrac{53 - 44{,}3}{2} = 4{,}35$

2) $\dfrac{53{,}2 - 28{,}2}{2} = 12{,}5$ und $\dfrac{53{,}0 - 28{,}4}{2} = 12{,}3$

so daß die Mittenabweichung in beiden Fällen gleich der halben Toleranzsumme der betreffenden Maße (53,1 ± 0,1, 44,1 + 0,2 und 53,1 ± 0,1, 28,2 + 0,2) wird also gleich 0,2. Ist dagegen eine Mittenabweichung bis zu 0,4, also gleich der Toleranzsumme der betreffenden Einzelmaße zulässig, so kann man für den äußeren Nut eine Rachenlehre in Form und Abmessung nach Abb. 63 wählen. Die größte Mittenabweichung wird dann eintreten beim Minusaußenmaß 53, dem Plusmaß für den Nut = 44,3 und dem nach der Lehre zulässigen breitesten Rand 4,55. Der gegenüberliegende Rand wird dann 53 — (44,3 + 4,55) = 4,15, das ist aber 0,4 Mittenabweichung = der Toleranzsumme.

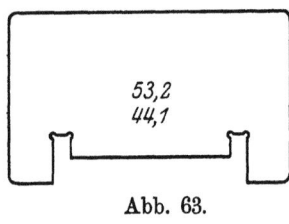

Abb. 63.

Auch für den zweiten Nut ergibt sich bei einer Minusbreite von 53, dem Plusnutenmaß 28,4 und dem nach der Lehre zulässigen breitesten Rand von $\dfrac{53{,}2 - 28{,}2}{2} = 12{,}5$ der gegenüber-

Bestimmung der Grenzlehren und Lehrgeräte tolerierter Einzelteile. 135

liegende Rand zu $53 - (28,4 + 12,5) = 12,1$, was wieder eine Mittenabweichung von 0,4 darstellt. Die erforderliche Lehre zeigt Abb. 64.

Man kann den zweiten Nut auch mit einer Lehre vom ersten Nut aus messen, so daß also die Lehre zwei Absätze vom Minusmaß $44,1 + 28,2$ erhält. Wenn auch hierbei die Mittenabweichung gleich der halben Toleranzsumme ausfällt, so wird sich ein etwaiger Fehler bei der ersten Messung mit addieren; soll daher die Mittenabweichung von den Außenseiten aus gerechnet werden, was in der Regel der Fall sein wird, so müssen auch beide Messungen von dort ausgehen.

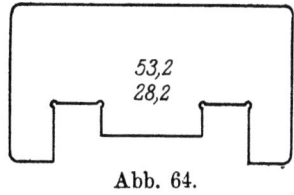

Abb. 64.

Die in Abb. 23 dargestellte Kreuznutenführung erfordert in der Herstellung ganz besondere Sorgfalt, wenn die Einzelteile austauschbar sein sollen. Die Bestimmung der Normalmaße und deren Tolerierung geschah unter der Voraussetzung, daß zwischen den einzelnen Nuten bzw. Federkeilen eine Winkelabweichung von $\pm 15'$ zulässig war. Die Kontrolle, daß diese höchst zulässige Winkelabweichung nicht überschritten wird, geschieht durch eine Lehre wie sie in beistehender Abb. 65 dargestellt ist. Da nur eine Größe festgestellt werden kann, nämlich die Abweichung der Winkel, so haben wir es hier mit einer Normallehre zu tun, im Gegensatz zu den bisher kennen gelernten Grenzlehren für eine Plus- und Minusabweichung.

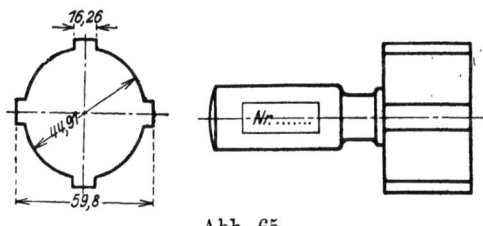

Abb. 65.

Für die Prüfung der Nutenbreiten sind besondere Grenzrachen bzw. Flachkaliber erforderlich, ebenso für den Außendurchmesser der Nuten und den eigentlichen Durchmesser der Welle bzw. Bohrung.

Es handelt sich daher zunächst um die Bestimmung des Lehrenmaßes für die Nutenbreite des Kalibers einer Bohrung mit vier Kreuznuten.

Schon bei der Bestimmung der Normalmaße für die Nutenbreiten hatten wir gefunden, daß bei einer zulässigen Winkelabweichung von 15' die Breite der Nuten in der Bohrung 16,52 und bei der Welle 16 mm im Normalmaß beträgt. Es fragt sich, wie groß muß das Breitenmaß der Lehre sein. Man wird vielleicht der Meinung sein, daß die Lehrenmaße ebenfalls 16,52 bzw. 16 ohne Berücksichtigung der Toleranz sein dürfen; dies ist aber ein großer Irrtum, wie die beistehende zeichnerische Darstellung Abb. 66 erläutert.

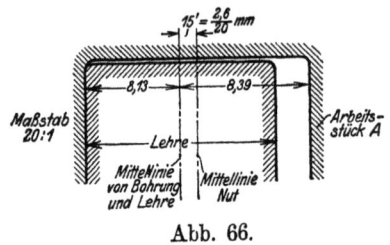

Abb. 66.

Angenommen bei dem zu lehrenden Arbeitsstück A, mit den Nuten in der Bohrung, ist eine Winkelabweichung von 15' zwischen zwei Nuten, dann wird Mittellinie des Nutes und Mittellinie der Bohrung um 15' oder bei einer zwanzigfachen Vergrößerung um 2,6 mm abweichen. Da die Nutenbreite in dem besprochenen Beispiel 16,52 beträgt, wird diese Breite um $\frac{16,52}{2} + \frac{2,6}{20} = 8,39$ und $\frac{16,52}{2} - \frac{2,6}{20}\ 8,13$ zu beiden Seiten der Mittellinie der Bohrung liegen, wie die Abbildung ergibt.

Bei der Lehre, welche als genau zu betrachten ist, also keine Winkelabweichung zwischen den vier Nuten hat, wird demnach auch Mitte Federnut mit Mitte Bohrung sich decken und demnach ergibt sich die halbe Federbreite zu 8,13 gleich der oben festgestellten geringsten Entfernung des Nutes von Mitte Bohrung; die ganze Federbreite der Lehre ist somit $2 \cdot 8,13 = 16,26$, während der Nut 16,52 breit ist. Man erkennt hiernach, daß es nicht zulässig ist, die Breite der Federnuten bei der Lehre gleich der Nutenbreite zu machen wenn man die Winkelabweichung prüfen will, sondern die Federnutenbreite der Lehre ist in vorstehender Weise zu bestimmen; die einzelnen Nuten sind vorher mit einem Grenzflachkaliber, welches vielleicht $+ 16,6 - 16,5$ hat, zu prüfen; diese Toleranz ist willkürlich zu wählen, sie ist abhängig von dem Maße der Handarbeit, die man zulassen will und muß, falls nötig entsprechend geändert werden.

Zum Lehren der Welle mit den vier Kreuznuten dient ein Kaliberring wie in beistehender Abb. 67 dargestellt. Auch hier ist die Nutenbreite der Lehre besonders zu bestimmen, keines-

Bestimmung der Grenzlehren und Lehrgeräte tolerierter Einzelteile. 137

falls darf diese gleich der Federbreite der Welle, also für das besprochene Beispiel gleich 16 sein. Die Bestimmung der Nutenbreite für die Lehre erfolgt genau in derselben Weise wie vorhin für die Federbreite des Lehrdornes zur Bohrung. Wenn man wieder die Federbreite der Welle $= 16$ mm im Maßstabe $20:1$

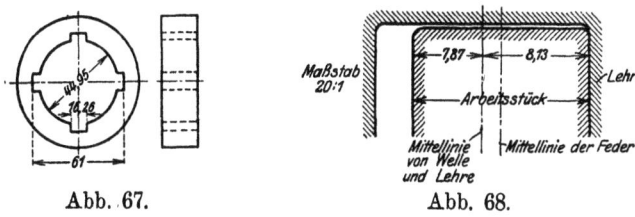

Abb. 67.   Abb. 68.

aufzeichnet und Mitte Feder um $15' = 2,6$ mm von Mittellinie Welle abweichend annimmt, wie in beistehender Abb. 68, so wird die Feder um $\frac{16}{2} + \frac{2,6}{20} = 8,13$ und $\frac{16}{2} - \frac{2,6}{20} = 7,87$ zu beiden Seiten der Wellenmittellinie liegen. Mitte Nut des Lehrringes deckt sich wieder mit Wellenmittellinie, da die Lehre keine Winkelabweichung hat, demnach muß die halbe Nutenbreite gleich dem vorhin gefundenen Größtmaß der Federbreite von Mittellinie Welle sein also gleich 8,13 und die ganze Nutenbreite gleich 16,26 oder ebenso breit wie beim Lehrdorn für die Bohrung. Die Federbreite der Welle wird wieder getrennt von der Winkelmessung, durch Grenzrachenlehren von $+ 16$ und $- 15,9$ geprüft. Hierbei gilt für die Toleranz dasselbe wie vorhin für den Lehrdorn.

Nach dem Vorstehenden kann man die gefundenen besondern Merkmale bei der Winkellehrenbestimmung für Kreuznuten kurz zusammenfassen:

Der Lehrdorn wie auch der Lehrring erhält als Nutenbreite das Mittelmaß der Nutenbreiten von den Arbeitsstücken, also im besprochenen Beispiel $\frac{16,52 + 16}{2} = 16,26$. — Dies trifft jedoch nur zu, falls man bei Bohrung und Welle gleiche Winkelabweichungen zuläßt. Wenn es geboten erscheint, der Welle eine größere Winkelabweichung zu geben, weil sich beim Fräsen in der Regel größere Ungenauigkeiten ergeben werden, als bei der Bohrung die mit der Räumnadel ziemlich genau hergestellt werden kann, so müssen die Nutenbreiten der Lehren auch getrennt bestimmt werden, wie dies vorhin geschehen ist. —

Das Beispiel der Kreuznutenführung bietet bei der Bestimmung der Nutenbreiten sowie auch bei der Lehrenbestimmung besondere Merkmale, die wohl sonst nur vereinzelt vorkommen werden. Wir hielten deshalb eine ausführlichere Besprechung für geboten und möchten hierbei noch besonders zum Ausdruck bringen, daß die Bestimmung der Lehren für Mittenabweichungen immer eine sehr sorgfältige Überlegung erfordert, man kommt hierbei immer am schnellsten zum richtigen Ziel, wenn man die Einzelteile an den betreffenden Lehrstellen im großen Maßstabe aufzeichnet, unter Berücksichtigung aller Verhältnisse im Betriebe und bei der Herstellung.

Als letztes Beispiel für die Lehrenbestimmung sollen die in Abb. 25 dargestellten Kuppelungsteile dienen. Außer den Grenzrachenlehren für Keilstärke und Wellendurchmesser sowie einem Grenzkaliber für die Bohrung des Kuppelungsringes sind noch Grenzlehren erforderlich, um festzustellen, ob der Schlitz in der Welle innerhalb der vorgeschriebenen Mittenabweichung liegt und ebenfalls, ob dies beim Keil in der Kuppelung zutrifft.

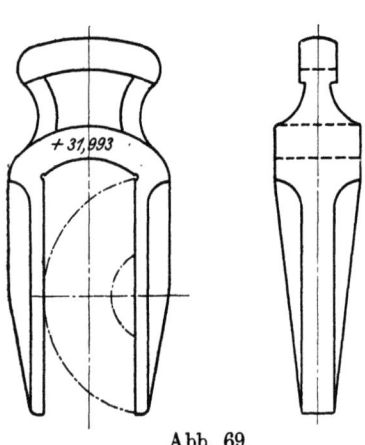

Abb. 69.

Wir hatten beim Tolerieren der Kuppelungsteile gefunden, daß die Austauschbarkeit auch in den Grenzfällen stattfindet, wenn die Stärke der Wellenhälfte, welche zu jeder Seite des Schlitzes bleibt, zwischen 31,99 und 31,84 liegt. Die Rachenlehren hierfür werden demnach + 31,993 und − 31,84 und deren Ausführung bringt beistehende Abb. 69. Es empfiehlt sich, für diesen Fall die Plus- und Minuslehre getrennt zu halten, schon aus dem Grunde, damit beim etwaigen Reißen, beim Härten der Schaden geringer bleibt.

Die zweite Prüfung beim Kuppelungsringe soll feststellen, ob der Keil innerhalb der vorgeschriebenen, in den Toleranzen zum

Bestimmung der Grenzlehren und Lehrgeräte tolerierter Einzelteile. 139

Ausdruck gebrachten Mittenentfernung sich befindet. Wir hatten beim Tolerieren gefunden, daß dies zutrifft, wenn die halbkreisförmige Öffnung zu beiden Seiten des Keiles in der Kuppelung innerhalb der Maßgrenzen $+32{,}2$ und $-32{,}05$ bleibt, und zwar in der Bogenhöhe gemessen.

Die Prüfung dieses Grenzmaßes geschieht durch je eine Lehre für das Plusmaß 32,2 und Minusmaß 32,047, deren Form in Abb. 70 ersichtlich ist. Der Radius, nach welchem die Halbkreisfläche der Lehre geschliffen wird, ist gleich dem Minusmaß der Bohrung des Kuppelungsringes

$$= \frac{78{,}1}{2}.$$

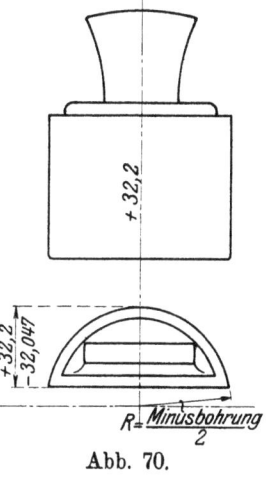

Abb. 70.

Obgleich durch die Minimeter in vielen Fällen die Prüfung der Toleranzmaße ganz wesentlich erleichtert wird, so werden sich auch Fälle ergeben, in denen man mit ähnlichen aber einfacheren Lehren auskommt, mit den sogenannten Zeigerlehren. Sie beruhen auf demselben Prinzip wie die Minimeter, indem durch hohe Hebelübertragung die Maßdifferenz vergrößert wird und an einer Skala abgelesen werden kann. Die Skala trägt eine Plus- und Minusmarke und der Zeiger muß innerhalb dieser Marken bleiben, wenn das zu messende Teil lehrenhaltig sein soll. Der in Abb. 28 dargestellte Zahnflankenmeßapparat ist ebenfalls als Zeigerlehre zu betrachten, und so lassen sich in den verschiedensten Fällen derartige Lehren verwenden, besonders für den Betrieb als Arbeitslehren, wo für die Benutzung des Minimeters nicht immer der rechte Ort ist.

Die in Abb. 71 schematisch abgebildete Zeigerlehre prüft die Mittenabweichung eines Federhebels (punktiert gezeichnet) welcher an seinen Führungsflächen „a" in eine Gratführung eingeschoben wird. Da der federnde Teil sich innerhalb eines Durchbruches bewegen soll, so darf eine bestimmte Mittenabweichung nicht überschritten werden, wenn der federnde Teil ein gewisses freies Spiel im Durchbruche haben soll.

Diese Mittenabweichung läßt sich sehr leicht durch eine Zeigerlehre feststellen. Der Hebel wird mit einer beweglichen

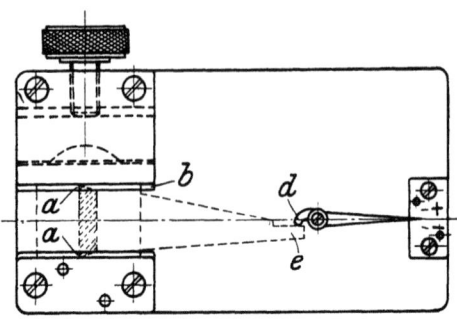

Abb. 71.

Spannbacke b gegen die feste Führung gespannt, wobei darauf zu achten ist, daß die Spitze des Hebels an der Nase d des Zeigers zur Auflage kommt. Beim festeingespannten Hebel wird sich der Zeiger je nach der Mittenabweichung des federnden Hebelteiles „e" einstellen. Bleibt die Zeigerstellung innerhalb der äußersten Marken $+$ und $-$, so genügt der Hebel den gestellten Bedingungen. Die Eichung der Zeigerskala erfolgt bei einem Hebel, welcher die äußerste Plus- und Minus-Mittenabweichung hat.

Obgleich sich die vorstehenden Betrachtungen über die Lehren, besonders über die Lehrgeräte noch sehr weit ausdehnen lassen, so würden weitere Besprechungen doch kaum mehr Neues bieten als die technisch-mechanische Durchbildung dieser Geräte für die verschiedenen Fälle. Eingehendere Besprechungen der mechanischen Ausführungsformen der Lehrgeräte dürften aber kaum allgemeines Interesse finden, außerdem werden die Ansichten über derartige Ausführungsformen sehr verschieden sein.

Wir haben daher in diesem Abschnitte alle jene Gesichtspunkte besonders hervorgehoben, welche zur Bestimmung der Maßgrenzen für die Grenzlehren und Lehrgeräte unbedingt bekannt sein müssen.

Bestimmung der Grenzlehren und Lehrgeräte tolerierter Einzelteile. 141

Diese Maßgrenzen sind für die normalen Grenzlehren der Feinpassungen in den Werten der Tabelle 1 festgelegt. Alle anderen Lehren und Lehrgeräte, welche die Länge oder Breite verschiedener ineinander oder aufeinander gleitender, oder zueinander gehöriger Teile prüfen sollen, und welche oft eine der jeweiligen Handhabung entsprechende Form und Ausbildung haben müssen, sind auch stets sowohl in den Maßgrenzen als auch in der Ausführung zeichnerisch zu bestimmen.

Die hierbei in Betracht kommenden Gesichtspunkte haben wir in den besprochenen Übungsbeispielen kennen und anwenden gelernt.

III. Die wirtschaftlichste Ausnutzung der Werkzeugmaschinen bei Herstellung austauschbarer Einzelteile.

Für die wirtschaftlichste Herstellung der Einzelteile genügt es nicht, die technischen Grundlagen zur Fertigstellung austauschbarer Teile in möglichst vollkommener Form der Werkstatt zu übergeben und die Ausnutzung der Werkzeugmaschinen dann der Werkstatt selbst zu überlassen. Wenn auch die in den vorigen Abschnitten behandelten technischen Fabrikations- und die Betriebsgrundlagen, welche sich mehr mit der Ausnutzung und der Verteilung der Werkzeugmaschinen beschäftigen, von verschiedenen Stellen aufgestellt und bearbeitet werden können, so wird es aber in allen Fällen erforderlich sein, daß diese Stellen gemeinschaftlich zusammenarbeiten.

Wohl wird der Konstrukteur, welcher die Einzelteile toleriert und die Arbeitslisten aufstellt, die Lehren- und Spannvorrichtungen bestimmt, eine weitgehende praktische Ausbildung haben müssen, aber in erster Linie ist der Betriebsleiter für die wirtschaftlichste Fertigung verantwortlich, und hat das Anlernen der Arbeiter anzuordnen und zu überwachen. Deshalb muß zwischen diesen beiden Beamten alles gemeinschaftlich verhandelt werden, was für die Herstellung der Einzelteile in Frage kommt; auch der Meister wird noch oft zugezogen werden müssen, denn er steht wieder direkt in Verbindung mit dem Arbeiter.

Deshalb müssen auch alle Betriebsgrundlagen, die bereits bestehen, oder neu aufgestellt werden, dem Konstrukteur, welcher die Herstellungsgrundlagen festlegt, bekanntgegeben werden. Unter diesen Betriebsgrundlagen werden die Schnittgeschwindigkeiten, Vorschub- und Spantiefen bei der Bearbeitung die wichtigste Rolle einnehmen.

Die wirtschaftlichste Ausnutzung der Werkzeugmaschinen. 143

In jedem ordnungsmäßig geführten Betrieb wird der Betriebsleiter wissen, welche Leistungen er den einzelnen Werkzeugmaschinen zumuten kann; d. h. die Schnittgeschwindigkeit, Vorschub- und Spantiefe sind für die verschiedenen Materialien, welche für die Bearbeitung auf der betreffenden Werkzeugmaschine in Frage kommen, festgelegt. Diese Grundlagen beruhen in den meisten Betrieben auf ständigen Beobachtungen der einzelnen Werkzeugmaschinen; die gefundenen Werte werden stets ergänzt und geordnet niedergeschrieben, so daß auch bei Beamtenwechsel keine groben Irrtümer vorkommen können. Nicht allein die Betriebsleitung hat das größte Interesse für die ausführliche Feststellung der einzelnen Betriebsdaten, sondern die Kalkulation muß diese Grundlagen ebenfalls kennen, damit für die einzelnen Arbeiten die Akkordpreise aufgestellt werden können, und damit für Arbeiten, die in Einzelanfertigung oder in geringerer Zahl hergestellt werden, ebenfalls vorher Preisofferten abgegeben werden können.

Für bestehende gut geleitete Betriebe wird der Konstrukteur die genannten Betriebsunterlagen vorfinden oder sie werden sich selbst für neue Fälle aus dem vorhandenen Material leicht bilden lassen; dagegen muß der neue Betrieb oder dort, wo man es unterlassen hat, die Betriebsunterlagen festzulegen, die günstigsten Schnittgewindigkeiten, Vorschübe und Spanstärken in jedem Einzelfalle und für jede Werkzeugmaschine erst ermitteln.

Wir möchten deshalb in folgendem einige wesentliche Punkte besprechen, welche dem Zwecke dieses Lehrheftes insofern besonders dienen, als hiervon die wirtschaftlichste Fertigung in hohem Maße abhängig ist.

Die Schnittgewindigkeit für die Bearbeitung eines bestimmten Materials ist abhängig von der Werkzeugmaschine, auf welcher die Bearbeitung stattfinden soll. Man wird nicht immer für die Bearbeitung die zweckmäßigste Werkzeugmaschine wählen können, so daß dann auch die günstigste Schnittgeschwindigkeit, Vorschub und Spanstärke, welche bekannt sind, für diese Fälle nicht in Betracht kommen. Ist aber die Bearbeitung auf einer weniger zweckmäßigen Maschine vorzunehmen, so erfordern diese Fälle besondere Beachtung, damit überhaupt erst einmal der Unterschied zwischen wirtschaftlichster und gegenwärtiger Fertigung festgelegt wird. Aus dieser Feststellung allein läßt sich schließen, ob die Beschaffung einer neuen zweckmäßigsten Werkzeugmaschine geschehen muß, oder ob die gegenwärtige Fertigung, obgleich nicht die wirtschaftlichste, dennoch beizubehalten ist.

Wir möchten uns bei diesen Betrachtungen den einzelnen Werkzeugmaschinen zuwenden.

Die **Drehbank** erfordert für die günstigste Schnittgewindigkeit, Vorschub und Spanstärke in erster Linie die erforderliche Betriebskraft am Antriebsriemen. So selbstverständlich wie dies klingt, so findet man doch recht häufig, daß der Antriebsriemen die erforderliche. Schnittkraft nicht zu übertragen vermag, und man wendet alle möglichen Mittel wie Kolophonium usw. an, um die Zugkraft des Riemens zu vergrößern. Derartige Notbehelfe sind zu vermeiden. Man verwende stets einen ordnungsmäßigen Antriebsriemen in passender Breite; hat es sich aber herausgestellt, daß die Bank noch mehr leisten kann, so soll man die Scheibenbreite oder den Scheibendurchmesser vergrößern, um mehr Umfangskraft zu erzielen; die Bank muß dann eben umgebaut werden, und die Kosten werden bald durch erhöhte Leistungsfähigkeit eingebracht sein. Welche Gesichtspunkte für den Umbau maßgebend sind, kann hier nicht behandelt werden, richten sich auch in erster Linie nach dem betreffenden Falle.

Die Schnittgeschwindigkeit ist dann von dem zu bearbeitenden Material abhängig. Auch hierfür wird man wohl die allgemeinen Werte, z. B. für Siemens-Mart.-Stahl oder Messing und dgl. kennen, aber damit ist noch keinesfalls die günstigste Schnittgeschwindigkeit für eine bestimmte Materialsorte festgelegt, denn unter der Bezeichnung Siemens-Mart.-Stahl sind sehr verschiedene Qualitäten bekannt, die demnach auch verschiedene Schnittgeschwindigkeiten haben. Deshalb muß die Zusammensetzung des Materials bekannt sein, und außerdem seine Härte, und zwar genügt Angabe des Kohlenstoffgehaltes, Zerreißfestigkeit und die Härtezahl nach Brünell oder einer gleichartigen Härtebestimmung.

Bei Teilen, die im Gesenk geschmiedet sind, muß ein nachträgliches Glühen stattfinden und hierbei soll das Abkühlen der Teile nicht zu schnell erfolgen, wenn möglich nicht unter acht Stunden.

Von der Qualität des Materials sind dann auch in hohem Grade die Schnittwinkel der Werkzeuge abhängig; die allgemein bekannten Angaben hierfür werden deshalb bei jedem Material eine gewisse Korrektur erfahren müssen, die nur durch Versuche zu ermitteln ist. Beim Schleifen der Werkzeuge muß diesem Umstande besondere Aufmerksamkeit geschenkt werden, weshalb hierfür stets Schleiflehren zu verwenden sind. Die Schnittgeschwindigkeit ist dann noch in hohem Maße von der Qualität des Schnittwerkzeuges abhängig; die Erhöhung der Leistungsfähigkeit bei Schnellschnittstahl-Werkzeugen ist allgemein bekannt. Man wird jedoch stets zu untersuchen haben, ob der Antriebsriemen die erforderliche größere Schnittkraft zu übertragen vermag und ob die Drehbank die stärkere Beanspruchung auch zuläßt. Man kann in dieser Richtung die größere Beanspruchung durch reichliche und zweckmäßigste Schmierung der Schnittstelle etwas vermindern, wird aber doch stets die Beschaffenheit der Werkzeugmaschinen im Auge haben müssen.

Schnittgeschwindigkeit, Vorschub und Spanstärke beanspruchen in ihrer Gesamtwirkung die Werkzeugmaschine, und diese Wirkung kommt hauptsächlich im Schnittdruck oder der Schnittkraft zur Geltung. Die Schnittgeschwindigkeit hat für die Schnittkraft zum Abheben einer gewissen Materialmenge nur geringe Bedeutung, darf aber nicht über eine bestimmte Grenze hinausgehen, damit die Werkzeugschneide nicht zu stark erhitzt wird. Die Schnittkraft ist daher in erster Linie vom Spanquerschnitt, d. h. Vorschub und Spantiefe und vom Material abhängig.

Da die Schnittkräfte p. mm^2 Querschnitt für die verschiedenen Materialien bekannt sind, ebenso in gewissen Grenzen auch die Schnittgeschwindigkeiten und auch die Spantiefe gegeben ist, nach der Bearbeitungszugabe aus der Zeichnung, so bleibt nur der Vorschub zu ermitteln, um die wirtschaftlichste Bearbeitung auf der Drehbank festzustellen. Handelt es sich um Fertigung größerer Mengen Einzelteile, so muß stets eine genaue Feststellung der genannten Faktoren, der allgemein einsetzenden Bearbeitung vorangehen, schon aus dem Grunde, die richtigen Akkorde festlegen zu können.

Obgleich es nicht erforderlich erscheint, hier Tabellen über Schnittgeschwindigkeiten und Schnittdruck für die verschiedenen Materialien zu bringen, da diese in allen Betriebskalendern und in der betreffenden Literatur[1]) sehr ausführlich behandelt sind,

---

[1]) Die moderne Vorkalkulation in Maschinenfabriken. M. Siegerist.

so scheint es uns doch zweckmäßig, den wirtschaftlichsten Vorschub einer Drehbank an einem Beispiel zu erläutern.

Angenommen, Schmiedeeisen von 60—80 kg Festigkeit soll um 5 mm abgedreht werden. Die Schnittgeschwindigkeit von 9 m/Min. wird angenommen und zur Verfügung steht eine Drehbank von 60 mm Riemenbreite bei einem Scheibendurchmesser von 200 mm und 130 Umdrehungen p. Min. für die betreffende Geschwindigkeit, so ist:

1. die Schnittkraft am Riemen:

bei $v = \dfrac{200 \cdot 3{,}14 \cdot 130}{60} = 1{,}36 = 7$ kg p. cm Riemenbreite[1])

oder bei 6 cm Breite = 42 kg.

Bei einem Wirkungsgrade von = 0,7 kann hiermit bei einer Schnittgeschwindigkeit $\dfrac{9}{60}$ m/Sek.

$$0{,}7 \cdot 42 \cdot \dfrac{1{,}36 \cdot 60}{9} = 265 \text{ kg Schnittdruck}$$

überwunden werden.

2. der zulässige Vorschub wird hiernach bei einem spezifischen Schnittdruck von 200 kg für das betreffende Material und einer Spantiefe von $\dfrac{5}{2} = \dfrac{265}{200 \cdot 2{,}5} = 0{,}53$ mm sein. Durch diese einfache Berechnung läßt sich der Vorschub bei jeder Drehbank und für jedes Material sehr leicht bestimmen. Es soll hiermit aber keinesfalls gesagt sein, daß für das betreffende Material die Schnittgeschwindigkeit von 9 m p. Min., die Spantiefe 2,5 mm und der Vorschub 0,53 mm p. Umdrehung die wirtschaftlichste Bearbeitung ergibt. Diese Angaben sind nur Annäherungswerte, welche den ersten Bearbeitungsversuchen zugrunde gelegt werden können. Wenn auch die Schnittgeschwindigkeit bei der betreffenden Drehbank festliegen wird, da man an die Scheibengrößen gebunden ist, wenigstens so lange, als man nicht mit Sicherheit weiß, daß ein Umbau des Vorgeleges von Nutzen ist, so kann man doch schon in der Spantiefe etwas nach oben oder unten abweichen. Bei Stücken, die nachträglich geschliffen werden, ist man allerdings auch an die Spantiefe

---

[1]) Nach Versuchen des Verbandes Dtsch. Maschinenbauanstalten.

mehr gebunden, als wenn der erste Span bis auf die Zugabe zum Schlichten angestellt werden kann.

Im Vorschub hat man aber stets so viel Spielraum, um die volle wirtschaftlichste Bearbeitung des Stückes zu erreichen.

Die vorhin ermittelte Größe des Vorschubes wird daher geändert werden müssen, wenn es sich zum Beispiel bei den Versuchen ergibt, daß die Bank mehr oder weniger leisten kann. Dies wird man aber erst dann ersehen können, wenn man für die Werkzeuge, also in diesem Falle die Drehstähle, die günstigsten Schnittwinkel ermittelt hat. Sowohl Ansatz- und Schnittwinkel als auch Hinterschleif- und Neigungswinkel wechseln bei den verschiedenen chemischen und physikalischen Eigenschaften des Materials und müssen durch Versuche ermittelt werden, wenn man die wirtschaftlichste Fertigung des Stückes erreichen will. Bei Aufträgen, die vielleicht auf Jahre die Werkstatt beschäftigen, sind derartige Versuche unumgänglich und werden sich stets einbringen.

Bei diesen Versuchen wird man den Vorschub als veränderlich betrachten und diesen so lange vergrößern oder verringern, bis man die geringste Schnittkraft erreicht hat. Alsdann kann man Ansatz- und Schnittwinkel des Werkzeuges, vielleicht auch noch den günstigsten Neigungs- und Hinterschleifwinkel bestimmen.

Für diese Versuchszwecke eignet sich am besten die direkt elektrisch angetriebene Drehbank, so daß man den jeweiligen Stromverbrauch leicht ablesen kann; in solchen Fällen wird man auch die günstigste Schnittgeschwindigkeit leicht ermitteln können, wenn ein Regulier-Anlasser eingebaut ist.

Derartig vollkommene Versuche werden wohl in den wenigsten Fällen durchgeführt, und man wird hieraus mit Recht schließen müssen, daß auch die wirtschaftlichste Fertigung in so vollkommenem Sinne selten stattfinden wird. Man würde aber viel leichter zu solchen Versuchen geneigt sein, wenn die im anderen Falle entstehenden wirtschaftlichen Schäden bekannt sein würden; diese ergeben sich aber erst bei der Gegenüberstellung der beiden Herstellungsverfahren.

In dieser Hinsicht bietet der direkte elektrische Antrieb der Werkzeugmaschinen große Vorteile gegenüber dem Gruppenantrieb, und es wird daher bei schweren Werkzeugmaschinen stets der Einzelantrieb zu empfehlen sein. Dann ist man aber auch leicht

148 Die wirtschaftlichste Ausnutzung der Werkzeugmaschinen

in der Lage, die günstigsten wirtschaftlichsten Verhältnisse zu schaffen. Die nachstehende Tabelle gibt die Schneidewinkel des Werkzeuges für einen Dreh- oder Hobelstahl an, wie sie bei der ersten Annahme zu wählen sind; in der beistehenden Abb. 72 sind die einzelnen Winkel am Werkzeug gekennzeichnet.

Schneidewinkel für das Drehen von:	a	i	$a+i$	b	c
Gußeisen	51°	4°	55°	8°	14°
weichem Stahl (unter 0,45% C)	61°	4°	65°	8°	22°
hartem Stahl	67°	3°	70°	8°	15°
gezogenem Stahl . .	75°	3°	78°	5°	10°
Hartguß	85°	4°	89°		
Messing	88°	4°			
Bronze	70°	3°			

In der Tabelle und den Abbildungen bedeutet: $a =$ Meißel- oder Zuschärfungswinkel, $i =$ Ansatzwinkel, $a+i =$ Schnittwinkel, $b =$ Hinterschleifwinkel und $c =$ Neigungswinkel. Der Ansatzwinkel i kann bei kleineren Durchmessern des Werkstückes kleiner, bei größeren größer gehalten werden, ebenso beim Schruppen größer als beim Schlichten.

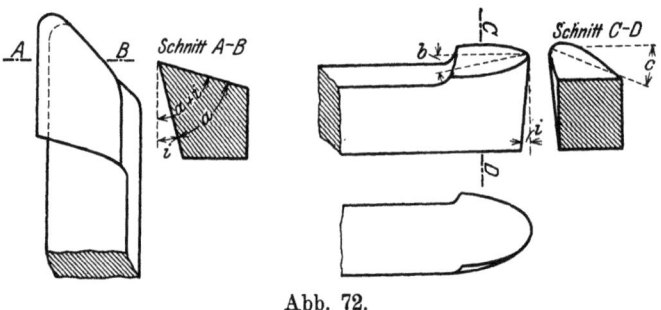

Abb. 72.

Der Neigungswinkel c wächst mit dem Vorschub und nimmt mit dem Durchmesser des Werkstückes ab. Neigungswinkel c und Hinterschleifwinkel b beeinflussen hauptsächlich das Abfließen der Späne.

bei Herstellung austauschbarer Einzelteile.

Nachdem in der vorhin angedeuteten Weise die Vorversuche für die Bearbeitung in der Werkstatt beendet sind, kann die Ermittelung der Stücklohnpreise erfolgen. In welcher Weise hierbei vorzugehen ist, soll nicht näher behandelt werden; jedenfalls kann man nicht zum Ziele kommen, wenn man mit der Stoppuhr in der Hand den Arbeiter beobachtet. Entweder wird der Meister selbst eine Anzahl Teile herstellen, um einen möglichst zutreffenden Durchschnittspreis zu ermitteln, oder man läßt eine Zeitlang in Lohn arbeiten, wobei die Beobachtung in unauffälliger und taktvoller Weise unter Umständen auch mit der Stoppuhr in der Tasche geschehen kann. Es empfiehlt sich, die Akkordpreise nur für eine gewisse Zeit festzusetzen, so daß man dann freie Hand zu Änderungen hat. Auch durch andere Arbeitsteilung wird die Änderung der Stücklohnpreise begründet. Doch ist hierbei zu bedenken, daß unter Umständen dann Spannvorrichtungen und Lehren ebenfalls geändert werden müssen.

Zur vorherigen Ermittelung des Herstellungspreises ist es erforderlich, die Arbeitszeit zur Fertigung des Einzelteiles zu kennen. Für auf der Drehbank hergestellte Teile ermittelt man die Arbeitszeit T nach der Formel:

$$T = \frac{L}{n \cdot s} \text{ in Minuten.}$$

Hierin bedeutet L die Drehlänge des Werkstückes und eine bestimmte Länge für An- und Auslauf des Drehstahles, $n =$ die Anzahl der Umdrehungen des Werkstückes per Min. und s den Vorschub per Umdrehung. Die Zeit zum Bearbeiten eines Werkstückes ist demnach nicht vom Vorschub allein abhängig, sondern von dem Produkt aus Vorschub mal Umdrehung per Min., es bleibt somit überlassen, bei größerem Vorschub mit der Schnittgeschwindigkeit herunterzugehen oder umgekehrt.

Die Hobelmaschine erfordert genau dieselbe Beobachtung in bezug auf Antriebskraft, Schnittgeschwindigkeit, Vorschub und Spantiefe wie die Drehbank. Auch das über den Schneidewinkel dort Gesagte ist in vollem Maße zu beachten. Vor allen Dingen wird man aber erst zu entscheiden haben, was wirtschaftlicher ist, ob hobeln, schleifen oder fräsen. Diese Frage ist unter Umständen bei kleinen Teilen nicht so ohne weiteres zu beantworten. Sind mehrere Flächen, die zueinander parallel oder winklig liegen, zu bearbeiten und ist die Länge im Vergleich zur Breite nur kurz, so wird man sich in der Regel zum Fräsen entschließen. Bei der Besprechung der Fräsmaschinen wird diese Frage noch eingehender behandelt. In letzter Zeit hat man mit dem Schleifen anstelle von Hobeln recht gute Erfolge erzielt, besonders wenn die Bearbeitungsflächen klein sind, wenig Material abzunehmen ist und z. B. bei leichten Gußteilen die Bearbeitung durch Hobeln oder Fräsen besondere Spannvorrichtungen erfordern würden, um die an dünnen Gußwänden befindlichen Nocken oder Leisten sicher zu stützen und das Rupsen des Schneidewerkzeuges oder Erzittern der Teile zu verhindern. Man würde wohl noch öfters zu solchen Schleifarbeiten übergehen, wenn eine geeignete, nicht zu teuere Schleifmaschine hierfür im Handel zu beziehen wäre.

Auch bei Hobelarbeiten ist die vorherige Bestimmung der Arbeitszeiten erforderlich, wenn es sich um Preisofferten handelt. Die Arbeitszeit bestimmt sich ebenso wie bei der Drehbank nach der Formel:

$$T = \frac{B}{n \cdot s} \text{ in Minuten,}$$

wo B wieder die Hobelbreite des Werkstückes und einen gewissen Zuschlag bedeutet, n die Zahl der Doppelhübe p. Min. und s den Vorschub p. Hub. Geht man von einer bestimmten Schnittgeschwindigkeit aus, so ist hiernach die Zeit für einen Doppelhub nicht ohne weiteres zu bestimmen, weil beim Rückgang und auch beim Hubwechsel diese Geschwindigkeit sich ändert. Es empfiehlt sich daher besonders für schwere Hobelmaschinen eine Tabelle aufzustellen, welche die Zahl der Doppelhübe für bestimmte Schnittgeschwindigkeiten ergibt, wie sie sich durch Versuche ergeben.

Bohrmaschine.

Genaues und wirtschaftlichstes Bohren findet statt, wenn der Bohrer stillsteht, in einer Bohrbüchse geführt und das Werkstück sich dreht. Tiefe Löcher und in festem Material (Gewehrläufe) lassen sich in dieser Weise überhaupt nur genau herstellen. Man benutzt für derartige Löcher die bekannten Kanonenbohrer mit eingelötetem Schmierröhrchen, bei welchem das Kühlmittel unter hohem Drucke zugeführt wird, so daß gleichzeitig auch die Späne gut ausgespült werden.

In den meisten Fällen ist es aber nicht möglich, mit festem Bohrer und sich drehendem Werkstück zu arbeiten; man wird daher bei feststehendem Werkstück immer eine Bohrlehre benutzen und den Bohrer in der Bohrbüchse führen, damit man genaue Löcher erhält. Unter genauen Löchern versteht man in erster Linie die richtige Lage des Bohrloches entsprechend dem dafür gewählten Toleranzmaß. Der genaue Duchmesser des Loches kommt erst in zweiter Linie in Frage, weil jede tolerierte Bohrung immer auf genaues Maß gereibahlt werden muß. Um aber die richtige Lage des Loches einzuhalten, d. h. innerhalb einer Toleranz von einigen 100stel oder 10tel, ist immer die Führung des Bohrers in der Bohrbüchse nötig.

Um den Durchmesser des Loches nach Möglichkeit genau einzuhalten, muß der Bohrer gleiche Schneidekanten haben und die Querschneide muß Mitte Bohrerachse sein. Dieses genaue Schleifen der Bohrer und besonders des Spiralbohrers, die am meisten Verwendung finden, kann nur auf der Spiralbohrerschleifmaschine geschehen; das Anschleifen dieser Bohrer von Hand ist unter allen Umständen zu vermeiden.

Zum genauen Fertigstellen der Löcher dient die Reibahle, und es empfiehlt sich, verstellbare Reibahlen überall dort zu verwenden, wo dies die Größe der Bohrung zuläßt. Die Geschwindigkeit beim Reibahlen ist etwa $1/2$ so groß als beim Bohren; der Vorschub dagegen das $2-3$fache.

Ebenso wie bei der Drehbank und der Hobelmaschine gilt auch bei der Bohrmaschine als erste Bedingung, daß der Antriebsriemen die für die erforderliche Schnittgeschwindigkeit und den Vorschub nötige Antriebskraft übertragen kann. — · Man muß deshalb bei wirtschaftlichster Fertigung auch beim Bohren einer größeren Anzahl Löcher zuerst immer den günstigsten Vorschub bei einer aus der Tabelle angenommenen Schnittgeschwindigkeit durch Versuche ermitteln und hieraus die erforderliche Antriebskraft berechnen in derselben Weise wie dies bei der Drehbank geschehen ist.

In nachstehender Tabelle ist der Widerstand gegen die Schneide des Bohrers in kg p. qmm Spanquerschnitt für die verschiedenen Materialien bei verschiedenen Vorschüben zu entnehmen.

152 Die wirtschaftlichste Ausnutzung der Werkzeugmaschinen

Material	Vorschub mm/Umdreh.				
	0,1	0,2	0,3	0,4	0,5
Werkzeugstahl ...	660	620	610	610	605
Flußeisen......	520	480	450	440	420
Kupfer.......	400	380	370	365	360
Schweißeisen	400	320	300	290	290
Gußeisen......	340	290	280	275	270
Bronze.......	200	150	120	120	120
Blei	60	55	50	40	30

Hieraus läßt sich dann die erforderliche Antriebskraft des Riemens unter Einsetzen des betreffenden Übersetzungsverhältnisses in ähnlicher Weise berechnen wie bei der Drehbank. — Benutzt man zum Bohren der Löcher bei Massenfertigung Bohrlehren, so kann man auch die erforderliche Zeit dafür leicht bestimmen, indem man für das Ein- und Ausspannen eine aus der Beobachtung sich ergebende Zugabe macht und die Arbeitszeit nach der Formel: $T = \dfrac{l}{n \cdot s}$ berechnet, worin l die Bohrlochtiefe, n die Umdrehung der Bohrspindel und s den Vorschub bedeutet.

Fräsmaschine: In der wirtschaftlichsten Metallbearbeitung nimmt die Fräsmaschine wohl überall die wichtigste Stellung ein und deshalb ist bei der Massenherstellung von Einzelteilen zuerst zu entscheiden, ob fräsen oder hobeln wirtschaftlicher ist. Diese Entscheidung erfordert oft die Berücksichtigung einer Reihe von Begleiterscheinungen. Ist die zu bearbeitende Fläche lang im Vergleich zur Breite, so wird man vorteilhaft hobeln, weil hier die bei Beginn und Schluß des Arbeitsganges auftretende Leerlaufsarbeit im Verhältnis zur Arbeitslänge nicht so groß ausfällt, als bei kurzer und breiter Arbeitsfläche. Lassen sich aber mehrere Arbeitsstücke hintereinander aufspannen, so kann auch bei kurzen Teilen Hobelarbeit vorteilhafter ausfallen. Der hauptsächlichste Vorteil beim Hobeln besteht in dem einfachen Werkzeug des Hobelstahles, welcher leicht herzustellen ist und auch in bezug auf die Schneidewinkel dem jeweiligen Material leicht angepaßt werden kann. Die zum Fräsen nötigen Fräser belasten dagegen den Werkzeugbau ganz erheblich, erfordern erstklassige Facharbeiter für die Herstellung und ebenso hochwertiges Material, welches nur bis zu einem bestimmten Grade aufgenutzt werden kann. Aber trotz diesen scheinbaren Nachteilen nimmt die Fräsarbeit den Hauptanteil in der Materialbearbeitung ein, denn Teile mit geformter Arbeitsfläche oder parallelen Flächen lassen sich überhaupt nur durch Fräsen herstellen, und bei kurzer und breiter Arbeitsfläche ist Fräsen immer vorteilhafter. Ist das gleichzeitige Aufspannen mehrerer Stücke angängig, die dann mit dem Walzenfräser bearbeitet werden können, so wird durch Fräsen in allen Fällen die wirtschaftlichste Bearbeitung erreicht.

Der Fräserdurchmesser soll nicht unnötig groß gewählt werden, weil hierdurch Material verschwendet wird und insbesondere weil große Fräser beim Anfang des Spanes einen zu feinen Span abheben, so daß der Zahn des Fräsers über die Fläche schleift und leicht stumpf wird, besonders wenn Spindel und Tisch der Fräsmaschine etwas freien Spielraum haben. Kleine Zahnteilung ergibt wohl sauberen Schnitt, erfordert jedoch größere Schnittkraft, wodurch Bruch des Fräsers eintreten kann. Grobe Zahnteilung des Fräsers erhöht die Leistung, läßt also größeren Vorschub zu beansprucht den einzelnen Zahn des Fräsers aber stärker. Es empfiehlt sich daher das Schruppen mit grober Zahnteilung und Fräsern aus Schnellschnittstahl bei größerem Vorschub auszuführen, schlichten dagegen mit feiner Zahnteilung bei geringerem Vorschub. Die Schneide der Fräserzähne sollte man stets vor dem Härten schleifen, damit weniger Neigung zur Rißbildung beim Härten entsteht, auch fließt der Span viel leichter ab und die Schneide wird nicht so schnell stumpf. Überhaupt ist die Lebensfähigkeit der Fräser ganz besonders von der richtigen ersten Behandlung abhängig, wobei ganz besonders darauf zu achten ist, daß der Fräser oft geschliffen wird.

Da die richtige Behandlung der Fräser ganz besonders dazu beiträgt, die Wirtschaftlichkeit der Fräsmaschine zu erhöhen, so sollen hier noch einige Beispiele über die richtige Form der Fräserzähne und die Behandlung beim Schleifen besprochen werden.

Die in beistehender Abb. 73 schematisch dargestellten Fräserzähne geben richtige und falsche Ausführungsformen wieder. Bei Zahn 1 verläuft die Schnittfläche bis 1,5 mm parallel zur radialen Richtung, ohne das Arbeiten des Fräsers schädlich zu beeinflussen.

154 Die wirtschaftlichste Ausnutzung der Werkzeugmaschinen

Zahn 2 stellt eine Schnittfläche mit zu spitzem Winkel dar. Der Zahn hakt und bricht leicht aus. Unterschliff kann bis 8° betragen.

Zahn 3: Schnittfläche mit zu stumpfem Winkel. Fräser hat keinen freien guten Schnitt.

Zahn 4: Die Zähne müssen gleich hoch sein, damit jeder den ihm zukommenden Betrag abhebt.

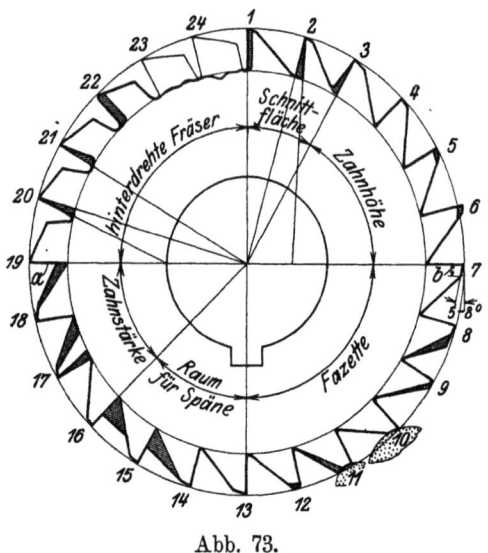

Abb. 73.

Zahn 5: Zu niedrige Zähne haben zu wenig zu leisten, die nächstfolgenden demnach entsprechend mehr, was unsaubere ungleichmäßige Arbeit verursacht.

Zahn 6: Zu hohe Zähne brechen leicht aus, da sie zu viel Material abzuheben haben. Unsaubere Arbeit wie bei Zahn 5.

Zahn 7: Facette b soll je nach der Art des Fräsers zwischen 0,5 bis 2 mm breit sein und einen Schneidewinkel zwischen 5—8° je nach Größe des Fräsers haben.

Zahn 8: Zu breite Facette beansprucht viel Zeit zum Schleifen, außerdem schneidet der Fräser schlecht.

Zahn 9: Zu schmale Facetten haben wenig Widerstandskraft und werden beim Schleifen leicht ausgeglüht.

Zahn 10: Nicht mit Formscheibe, sondern mit Topfscheibe schleifen, da der Schneidewinkel sonst leicht zu spitz wird und sich umlegt.

Zahn 11: Die hintere Kante der Facette muß immer niedriger sein als die vordere, sonst rupft der Fräser.

Zahn 12: Oft schärfen, stumpfe Fräser geben schlechte Arbeit und werden schnell abgenutzt.

Zahn 13: Richtige Zahnform mit möglichst viel Platz für die Späne.

Zahn 14, 15, 16: Ist der Raum zu klein, so kann der Fräser nur wenig geschärft werden, ohne gleichzeitig Spanraum zu schaffen.

Zahn 16, 17, 18: Nicht hinterdrehte Fräser dürfen nur an der Facette nachgeschliffen werden. Ist diese zu breit, so muß der Fräser ausgeglüht und nachgefräst werden.

Zahn 19: Hinterdrehter Fräser darf nur an der Schnittfläche a nachgeschliffen werden. Formfräser sind fast immer hinterdreht, weil sich beim Schleifen das Profil nicht ändert.

Zahn 20, 21: Die Schnittfläche muß immer genau radial sein.

Zahn 22: Oft schärfen, sonst schlechtes Arbeiten und schwieriges Nachschleifen.

Für das richtige Schleifen der Fräser, Reibahlen und dgl. ist in erster Linie eine gute Schleifmaschine erforderlich. In den nachstehenden Abbildungen 74—78 sind einige Arbeitsbeispiele für das Schärfen wiedergegeben, eine nähere Erläuterung erübrigt sich wohl.

Aus diesen Betrachtungen ergibt sich, daß die Schnittwerkzeuge der Fräsmaschine eine besonders fachgemäße und sorgfältige Behandlung erfordern, wenn die hohe Wirtschaftlichkeit dieser Werkzeugmaschine ausgenutzt werden soll. Aber trotz dieser erhöhten Aufmerksamkeit bleibt die Fräsmaschine in der Herstellung von Massenteilen diejenige Werkzeugmaschine, durch welche unter Verwendung von ungelernten Arbeitskräften Qualitätsarbeit am wirtschaftlichsten ausgeführt werden kann.

Neben der vorhin besprochenen besonders sorgfältigen Durchbildung der Schnittwerkzeuge ist dann noch der günstigsten Schnittgeschwindigkeit und Vorschub beim Fräsen besondere Beachtung zu widmen.

156 Die wirtschaftlichste Ausnutzung der Werkzeugmaschinen

Abb. 74. Schleifen eines Walzenfräsers.

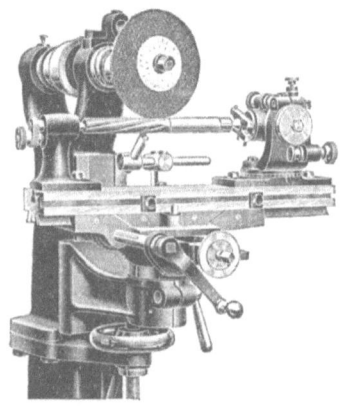

Abb. 75. Schleifen einer Spiral-Reibahle.

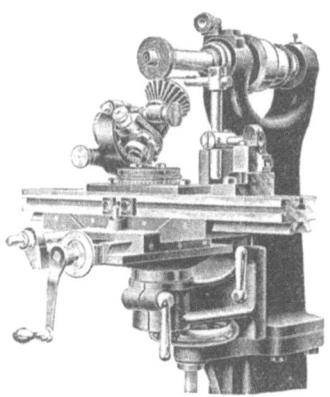

Abb. 76. Schleifen eines Winkelfräsers.

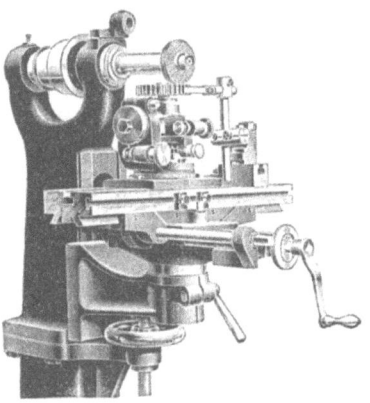

Abb. 77. Schleifen eines Messerkopfes.

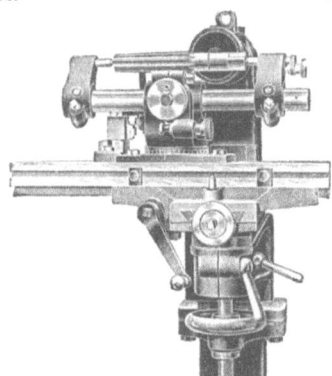

Abb. 78. Schleifen einer konischen Reibahle.

Man wird auch hier ebenso wie bei den vorhin besprochenen Werkzeugmaschinen bei einer bestimmten Schnittgeschwindigkeit die Versuche beginnen und den Vorschub so lange vergrößern, bis der günstigste Arbeitsgang durch die größte abgehobene Spanmenge bei einem bestimmten Kraftverbrauch erreicht ist. Hierbei ist das vorhin über die Zahnteilung Gesagte zu beachten, sowie auch die besonderen Winke über Zahnform, Hinterschliffwinkel, Spanwinkel u. dgl. Man wird zu entscheiden haben, ob spiralverzahnte Fräser mit einem bestimmten Drall günstiger arbeiten, wo sich solche anwenden lassen, ob Spanbrechernuten vorzusehen sind usw. Ebenso sind beim hinterdrehten Fräser wie auch bei den mehrfach zusammengesetzten immer mehr oder weniger besondere Ausführungen zu beachten, die nur von Fall zu Fall sich vorher beurteilen lassen.

In allen Fällen kann man aber annehmen, daß die Wirtschaftlichkeit der Fräsarbeit weniger von der Schnittgeschwindigkeit abhängig ist als vom Vorschub. Daher ist die Schnittgeschwindigkeit so hoch zu nehmen, daß der Fräser bei der vorgesehenen Schmierung und Kühlung nicht zu schnell stumpf wird, alle weiteren Änderungen sind am Vorschub vorzunehmen.

Die Schnittkraft oder der vom Fräserzahn zu überwindende Widerstand beträgt allgemein: $P = b \cdot d \cdot a$, wo b die Spanbreite, $d =$ Spandicke und a der Widerstand des Materials p. mm² bedeutet. Man rechnet $a = 70-90$ für gewöhnliches Gußeisen, $90-130$ für Hartguß, $100-150$ für Schmiedeisen, $150-200$ für Maschinenstahl, $200-250$ für Werkzeugstahl und $60-100$ für Bronze.

Der auf die Frässpindel wirkende Schnittwiderstand, welcher der Berechnung zugrunde zu legen ist, beträgt bei Fräsern mit größerer Zähnezahl, von denen mehrere Zähne gleichzeitig arbeiten in kg:

$$P_1 = \frac{1{,}4 \cdot b \cdot d \cdot v \cdot a}{1000 \cdot u}$$

und das auf die Frässpindel wirkende Drehmoment in cm/kg:

$$P_1 \cdot \frac{D}{2} = \frac{b \cdot d \cdot v \cdot D \cdot a}{10000 \cdot 2 \cdot u}$$

worin $b =$ Spanbreite in mm, $d =$ Spandicke in mm, $\frac{D}{2} =$ Fräserradius in mm, $v=$ Vorschub in mm/Min. und $u=$ Schnitt- oder Umfangsgeschwindigkeit in m/Min. bedeutet.

Die Arbeitszeit zum Fräsen eines Werkstückes ergibt sich nach der Zeitformel: $T=\dfrac{C}{v}$, wenn der Vorschub unabhängig von der Fräserdrehzahl ist. Ist der Vorschub v abhängig von der Drehzahl des Fräsers, so wird die Arbeitszeit: $T=\dfrac{C}{n\cdot v_1}$, worin v_1 in mm p. Umdrehung des Fräsers und n die Drehzahl einzusetzen ist. C bedeutet wieder Fräslänge einschl. Zugabe. — Es soll hier noch erwähnt werden, daß der von der Drehzahl abhängige Vorschub nicht zu empfehlen ist, weil hierbei der größte Vorschub nur mit größten Fräserumdrehungen erreicht wird. Die größten Fräserumdrehungen sind aber für kleine Fräser erforderlich, welche wiederum wegen ihrer feinen Teilung nur geringe Vorschübe vertragen. Die Sicherheit, welche in der zwangläufigen Verbindung von Fräserspindel und Vorschubantrieb liegt, indem beim Rutschen des Antriebsriemens auch kein Vorschub stattfindet, so daß Fräserbruch vermieden wird, kann bei getrenntem Antrieb durch Einbau einer Sicherheitskuppelung ebenfalls erreicht werden. Beim getrennten Antrieb des Vorschubes ist man aber leicht in der Lage, den wirtschaftlichsten Vorschub durch Änderung der Riemenscheiben zu erreichen, und dieser Vorteil ist nicht zu unterschätzen, wenn man bedenkt, daß dieser Vorschub bei Massenanfertigung immer erst durch Versuche zu ermitteln ist.

Die Bearbeitung der Einzelteile auf Revolverbänken, Automaten oder Halbautomaten, welche in der wirtschaftlichsten Fertigung ebenfalls eine große Rolle spielt, soll hier nicht näher behandelt werden, da dies den Umfang dieses Werkes bei weitem überschreiten würde.

Verlag von Julius Springer in Berlin W 9

*Über Dreharbeit und Werkzeugstähle. Autorisierte Ausgabe der Schrift »On the art of cutting metals« von **Fred W. Taylor**. Von **A. Wallichs**, Professor an der Technischen Hochschule in Aachen. Dritter, unveränderter Abdruck. Mit 119 Textabbildungen und Tabellen. Gebunden Preis M. 15.40

Die Dreherei und ihre Werkzeuge in der neuzeitlichen Betriebsführung. Von Betriebs-Oberingenieur **Willy Hippler**. Mit 319 Textabbildungen. Preis M. 12.—, gebunden M. 14.60

Handbuch der Fräserei. Kurzgefaßtes Lehr- und Nachschlagebuch für den allgemeinen Gebrauch. Gemeinverständlich bearbeitet von **Emil Jurthe** und **Otto Mietzschke**, Ingenieure. Fünfte, durchgesehene und vermehrte Auflage. In Vorbereitung.

*Die Werkzeuge und Arbeitsverfahren der Pressen. Völlige Neubearbeitung des Buches »Punches, dies and tools for manufacturing in presses« von Joseph V. Woodworth von Privatdozent Dr. techn. **Max Kurrein**. Mit 683 Textabbildungen und einer Tafel. Geb. Preis M. 20.—

Die Blechabwicklungen. Eine Sammlung praktischer Verfahren zusammengestellt von **Johann Jaschke**, Ingenieur in Graz. Dritte erweiterte Auflage. Mit 218 Textabbildungen. Preis M. 4.—

*Die praktische Nutzanwendung der Prüfung des Eisens durch Ätzverfahren und mit Hilfe des Mikroskopes. Kurze Anleitung für Ingenieure, insbesondere Betriebsbeamte von Dr.-Ing. **E. Preuß**, Stellvertreter des Vorstandes der Materialprüfungsanstalt und Privatdozent an der Technischen Hochschule zu Darmstadt. Mit 119 Textfiguren. Unveränderter Neudruck. Kartoniert Preis M. 4.—

Die wirtschaftliche Arbeitsweise in den Werkstätten der Maschinenfabriken, ihre Kontrolle und Einführung mit besonderer Berücksichtigung des Taylor-Verfahrens. Von **Adolf Lauffer**, Betriebsingenieur in Königsberg i. Pr. Preis M. 4.60

Neuzeitliche Betriebsführung und Werkzeugmaschine. Theoretische Grundlagen. Beiträge zur Kenntnis der Werkzeugmaschine und ihrer Behandlung. Von Professor **E. Toussaint**, Berlin-Steglitz. Mit 86 Textfiguren. Preis M. 2.—

*Die Betriebsbuchführung einer Werkzeugmaschinen-Fabrik. Probleme und Lösungen. Von Dr.-Ing. **Manfred Seng**. Mit 3 Abbildungen und 41 Formularen. Gebunden Preis M. 5.—

---

* Hierzu Teuerungszuschlag

Verlag von Julius Springer in Berlin W 9

*Die Betriebsleitung insbesondere der Werkstätten. Von **Fred W. Taylor.**
Autorisierte deutsche Ausgabe der Schrift ›Shop management‹. Von
A. Wallichs, Professor an der Technischen Hochschule in Aachen.
Dritte, vermehrte Auflage. Unveränderter Neudruck mit 26 Abbildungen und 2 Zahlentafeln. Gebunden Preis M. 7.20

Aus der Praxis des Taylor-Systems. Von Dipl.-Ing. **Rudolf Seubert.**
Zweiter, unveränderter Neudruck. Mit 45 Abbildungen und Vordrucken. Gebunden Preis M. 9.—

*Das ABC der wissenschaftlichen Betriebsführung (Taylor-System). Von **Frank B. Gilbreth.** Freie Übersetzung von Dr. **Colin Ross.** Mit 12 Textabbildungen. Zweiter Neudruck. Preis M. 3.60

Einführung in die Organisation von Maschinenfabriken
unter besonderer Berücksichtigung der Selbstkostenberechnung. Von
Dipl.-Ing. **Friedrich Meyenberg,** Berlin. Zweite, durchgesehene und
erweiterte Auflage. Gebunden Preis M. 10.—

*Der Fabrikbetrieb. Praktische Anleitungen zur Anlage und Verwaltung von Maschinenfabriken und ähnlichen Betrieben sowie zur
Kalkulation und Lohnverrechnung. Von **Albert Ballewski.** Dritte,
vermehrte und verbesserte Auflage, bearbeitet von **C. M. Levin,**
beratendem Ingenieur für Fabrikorganisation in Berlin. Unveränderter
Neudruck. Gebunden Preis M. 7.60

Die Selbstkostenberechnung im Fabrikbetriebe. Praktische
Beispiele zur richtigen Erfassung der Generalunkosten bei der Selbstkostenberechnung in der Metallindustrie. Von **O. Laschinski.** Zweite,
vermehrte Auflage. Preis M. 4.—

Werkstättenbuchführung für moderne Fabrikbetriebe. Von
C. M. Lewin, Diplom-Ingenieur. Zweite, verbesserte Auflage.
Gebunden Preis M. 10.—

*Selbstkostenberechnung im Maschinenbau. Zusammenstellung
und kritische Beleuchtung bewährter Methoden mit praktischen Beispielen. Von Dr.-Ing. **Georg Schlesinger,** Professor an der Technischen Hochschule zu Berlin. Mit 110 Formularen.
Gebunden Preis M. 10.—

Fabrikorganisation, Fabrikbuchführung und Selbstkostenberechnung der **Firma Ludw. Loewe & Co., A.-G.,** Berlin. Mit
Genehmigung der Direktion zusammengestellt und erläutert von
J. Lilienthal. Mit einem Vorwort von Dr.-Ing. **G. Schlesinger,**
Professor an der Technischen Hochschule zu Berlin. Zweite, durchgesehene und vermehrte Auflage. Unveränderter Neudruck.
Gebunden Preis M. 16.—

---

* Hierzu Teuerungszuschlag

MIX
Papier aus verantwortungsvollen Quellen
Paper from responsible sources
FSC® C105338

If you have any concerns about our products,
you can contact us on
ProductSafety@springernature.com

In case Publisher is established outside the EU,
the EU authorized representative is:
**Springer Nature Customer Service Center GmbH
Europaplatz 3, 69115 Heidelberg, Germany**

Printed by Libri Plureos GmbH
in Hamburg, Germany